建筑装修工人技能速成系列

装修水电工实用技能

全图解

王玉宏 主编

U0209079

化学工业出版社

·北京·

本书由经验丰富的专业水电工高级技师精心编写，以装修施工现场实际操作图解的方式，生动、形象地讲解了装修水电工程的基本知识与操作技能。本书共分为五章，内容包括：装修水电工基础知识、室内给排水及采暖工程施工、室内配电工程安装、室内照明灯具及常用电器安装、智能化工程安装等。本书内容简明扼要、通俗易懂、图文并茂，为了与实际工作相结合，书中还设有"经验指导"版块，用实际经验指导读者掌握装修水电工技巧。

　　本书可供从事装修行业的水电工、自学水电施工就业者、物业水电工等相关人员阅读和参考。

图书在版编目（CIP）数据

　　装修水电工实用技能全图解/王玉宏主编. —北京：
化学工业出版社，2018.4
　　（建筑装修工人技能速成系列）
　　ISBN 978-7-122-31615-8

　　Ⅰ.①装… Ⅱ.①王… Ⅲ.①房屋建筑设备-给排
水系统-建筑安装-图解②房屋建筑设备-电气设备-建筑
安装-图解 Ⅳ.①TU82-64②TU85-64

　　中国版本图书馆CIP数据核字（2018）第038370号

責任编辑：彭明兰　　　　　　　　　　　　装帧设计：刘丽华
责任校对：王　静

出版发行：化学工业出版社（北京市东城区青年湖南街13号　邮政编码100011）
印　　刷：三河市延风印装有限公司
装　　订：三河市宇新装订厂
710mm×1000mm　1/16　印张9¾　字数216千字　2018年7月北京第1版第1次印刷

购书咨询：010-64518888（传真：010-64519686）　售后服务：010-64518899
网　　址：http://www.cip.com.cn
凡购买本书，如有缺损质量问题，本社销售中心负责调换。

定　　价：38.00元　　　　　　　　　　　　　　版权所有　违者必究

随着我国经济的发展、科技的进步，生产生活中的电气化程度越来越高，同时也有越来越多的人员从事与装修水电工程相关的工作。为了能跟上装修水电工程技术发展的潮流，对于希望从事或正在从事装修水电工程工作的人员来说，都需要不断学习与装修水电工程相关的知识与技能。

隐藏在墙内和地下的装修水电工程施工十分重要，如果施工处理不当，不仅日后维护维修会十分麻烦，而且还会引发居家安全问题。装修水电施工是装饰装修行业中一项重要且必需的基础技能，从业队伍也随着需要逐渐壮大，如何能够在短时间掌握装修水电工的专业知识，如何使自己的业务水平符合国家从业规范，成为技术人员所面临的主要问题。针对上述情况，为了帮助广大水电工人员与相关技术人员能够迅速掌握实用技能，我们组织编写了本书。

本书以详细而又浅显的文字讲述了装修水电工的知识与技能，书中配有大量实际施工图解，以图文结合的形式讲解实际操作流程，并结合专业人士丰富的工作经验，详细说明最新的装修水电工知识。

本书由装修水电工基础知识、室内给排水及采暖工程施工、室内配电工程安装、室内照明灯具及常用电器安装、智能化工程安装等内容组成。本书以实用为出发点，强调动手能力和实用技能的培养，是一本快速掌握装修水电知识与实际操作技能的读物。

本书图文并茂、内容全面、由浅入深，具有较强的实用性和操作性，可供从事装饰装修行业的水电工、自学水电就业者、物业水电工等相关人员阅读和参考。

本书由王玉宏主编，参加编写的还有于涛、王红微、王媛媛、付那仁图雅、刘亚莉、刘艳君、孙石春、孙丽娜、齐丽丽、白雅君、齐丽娜、张家翱、张黎黎、李东、李瑞、董慧、何影等人员。

由于编写时间仓促，编写经验、理论水平有限，书中难免有疏漏、不妥之处，敬请广大读者批评指正。

编者

2018 年 2 月

目录

3 室内配电工程安装 76

1 装修水电工基础知识

1.1 常用水电材料与选购

1.1.1 常用水暖管材及配件

室内装修管材种类繁多，常用的管材主要包括镀锌钢管（图 1-1）、PVC-U（硬聚氯乙烯）管（图 1-2）、铝塑管（图 1-3）、PPR（无规共聚聚丙烯）管（图 1-4）、铜管（图 1-5）和不锈钢管（图 1-6）等。在住宅建筑给水管材中，铜管、铝塑管、PPR 管、不锈钢管等给水管材均可采用，铜管、铝塑管、不锈钢管可用于住宅的热水给水管。

镀锌管一般用作天然气、暖气管道，镀锌管作为水管会产生大量锈垢，滋生细菌

图 1-1　镀锌钢管

PVC-U管(塑料管)抗冻性和耐热能力较差，一般用作电线管道和排污管道

图 1-2　PVC-U 管

1.1.1.1 室内装修常用的给水管材料及配件

在室内装修中，常用的给水管材料主要是 PPR 管、铝塑管等。铜管和不锈钢管由于成本较高，并不大量使用。

（1）PPR 管认知　PPR 管作为一种新型水管材料，既可用作冷水管，也可用作热水管，是目前家居装修中采用最多的一种供水管道，是众多水管中的上品，与传统

铝塑管管壁中间有一层金属铝，能100%隔光、隔氧，且长期耐高温性能良好。通常用作冷、热水管

图1-3　铝塑管

PPR管具有质量轻、耐腐蚀、不结垢、使用寿命长等特点。适用于系统的工作压力不大于0.6MPa，工作温度不大于70℃的场合，可以用作冷水管

图1-4　PPR管

铜管是以铜为主要原料的有色金属管，铜管性能稳定，极耐腐蚀，能抑制细菌的生长，保持饮用水的清洁卫生，因此用作水管最适合

图1-5　铜管

在住宅建筑室内给水系统中，采用薄壁不锈钢管可以更经济。在选择使用时应采用耐水中氯离子的不锈钢型号

图1-6　不锈钢管

的铸铁管、塑钢管、镀锌钢管等管道相比，具有节能节材、环保、轻质高强、耐腐蚀、内壁光滑不结垢、施工和维修简便、使用寿命长等优点。

　　PPR管主要分为普通PPR管（图1-7）、玻纤PPR复合管（图1-8）和金属PPR复合管等，其中金属PPR管又可以分为不锈钢PPR复合管（图1-9）、铜塑PPR复

合管（图 1-10）和铝塑 PPR 复合管（图 1-11）等。

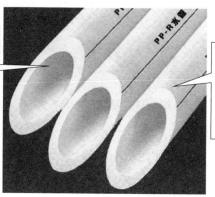

普通PPR管用的是PP原料，化学成分为聚丙烯

普通PPR管具有透光透氧性，属低温热水管，工作范围为5～70℃，且线膨胀系数较大，极易热胀冷缩

图 1-7 普通 PPR 管

玻纤PPR复合管(FR-PPR)，由三层材料组成，中间层为玻纤增强料，内层为热水料，外层为PPR层

图 1-8 玻纤 PPR 复合管

不锈钢PPR复合管是以食品级不锈钢管为内层，以PPR原料为外层。一般应用于医药用水、高档别墅小区、高层建筑、高压供水等要求较高的管道输送系统

图 1-9 不锈钢 PPR 复合管

具有金属管的坚硬，又具有易于弯曲和伸直的特点，同时还极耐腐蚀，能抑制细菌的生长，保持饮用水的清洁卫生，且与PPR管的安装工艺相同，施工便捷

铜塑PPR复合管是以无缝纯紫铜管为内层，以PPR原料为外层的水管

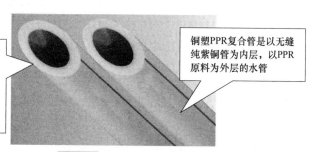

图 1-10 铜塑 PPR 复合管

（2）PPR 管的选购 选购管材时一定要慎重，应选择合适的、大厂家生产的、有质量保证的管材。

铝塑PPR复合管有5层结构，中间层为薄壁铝层，外层是PPR原料，内层是热水料，层与层之间采用进口热熔胶，通过高温高压挤出

铝塑PPR复合管一般应用于暖气系统、太阳能及热水器的热水管和自来水冷水管

图 1-11 铝塑 PPR 复合管

① 看外观。选择 PPR 管时，首先选择色泽基本均匀一致，内外壁光滑、平整，无气泡、凹陷、杂质等影响表面性能缺陷的给水管。PPR 管的颜色主要有白色、灰色、绿色和咖喱色等几种。

② 看参数。一般常用的 PPR 管规格包括 S5、S4、S3.2、S2.5、S2 等几个系列。其中，S5 系列的承压等级为 1.25MPa（12.5kg）；S4 系列的承压等级为 1.6MPa（16kg）；S3.2 系列的承压等级为 2.0MPa（20kg）（图 1-12）；S2.5 系列的承压等级为 2.5MPa（25kg）；S2 系列的承压等级为 3.2MPa（32kg）。通常 S5、S4 系列用作冷水管，其他用作热水管。

表示属于S3.2级系列管材

PP-R S3.2 dn25×en3.5 Water Supply Pipes by Wuhan KINGBULI

25为公称外径，3.5为厚度

图 1-12 S3.2 系列 PPR 管

产品上标识应齐全，管材上应有生产厂名或商标、生产日期、产品名称、公称外径、管系列等，字迹要清晰，并检查标识是否与实际相符。

PPR 管材规格用管系列 S、公称外径（dn）×公称壁厚（en）表示。PPR 管 S 系列的规格、PPR 管的俗称与相对规格如表 1-1 和表 1-2 所示。

表 1-1 PPR 管 S 系列的规格

公称外径(dn)/mm	S5	S4	S3.2	S2.5	S2
	公称壁厚(en)/mm				
12	—	—	—	2.0	2.4
16	—	2.0	2.2	2.7	3.3
20	2.0	2.3	2.8	3.4	4.1
25	2.3	2.8	3.5	4.2	5.1
32	2.9	3.6	4.4	5.4	6.5
40	3.7	4.5	5.5	6.7	8.1
50	4.6	5.6	6.9	8.3	10.1
63	5.8	7.1	8.6	10.5	12.7
75	6.8	8.4	10.3	12.5	15.1
90	8.2	10.1	12.3	15	18.1
110	10.0	12.3	15.1	18.3	22.1
125	11.4	14.0	17.7	20.8	25.1
140	12.7	15.7	19.2	23.3	28.1
160	14.6	17.9	27.9	26.1	32.1

表 1-2　PPR 管的俗称与相对规格

俗称	内径/mm	内径/in	外径/mm	俗称	内径/mm	内径/in	外径/mm
1 分管	6	1/8	10	4 分管	15	1/2	21.3
2 分管	8	1/4	13.5	5 分管	20	3/4	26.8
3 分管	10	3/8	17	6 分管	25	1	33.5

　　MPa 是压强单位，称为兆帕斯卡，简称兆帕。举例来讲：PPR 管 25×2.3 1.25MPa 表示的是：PPR 管外径 25mm，管壁厚 2.3mm，属于 S5 级系列管材，在常温下承受压力为 1.25MPa。PPR 管 S 系列的压力值如表 1-3 所示。

表 1-3　PPR 管 S 系列的压力值

设计压力/MPa	S 系列			
	级别 1 （3.09MPa）	级别 2 （2.13MPa）	级别 3 （3.30MPa）	级别 4 （1.90MPa）
0.4	5	5	5	4
0.6	5	3.2	5	3.2
0.8	3.2	2.5	4	2
1.0	2.5	2	3.2	—

　　③ 闻气味。PPR 管的主要材料是聚丙烯，好的管材无气味，差的则有怪味，很可能是掺了聚乙烯，而非聚丙烯。

　　④ 试硬度。PPR 管具有相当的硬度，不易变形。

　　⑤ 看燃烧。好材质的 PPR 管燃烧时，不会冒黑烟、无气味，而且熔出的液体依然很洁净。原料中混合了回收塑料和其他杂质的 PPR 管会冒黑烟，有刺鼻气味。

经验指导

　　PPR 水管的颜色有很多种，人们通常认为白色是最好的，其实不然，塑料粒子以白色、透明色为主，加工时添加的色母是什么颜色生产出来的产品就是什么颜色，色母不会被分解，也不会改变 PPR 品质，只要购买正规厂家的产品，水管什么颜色都没有关系。

　　(3) PPR 给水管配件　PPR 给水管配件主要包括直通接头、堵头、弯头、三通接头、过桥弯管、活接头等，其作用和规格如图 1-13 所示。

　　家装给水管主要配件用量标准如图 1-14 所示。

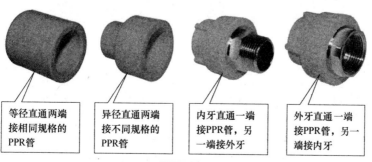

等径直通两端接相同规格的PPR管	异径直通两端接不同规格的PPR管	内牙直通一端接PPR管，另一端接外牙	外牙直通一端接PPR管，另一端接内牙

图 1-13

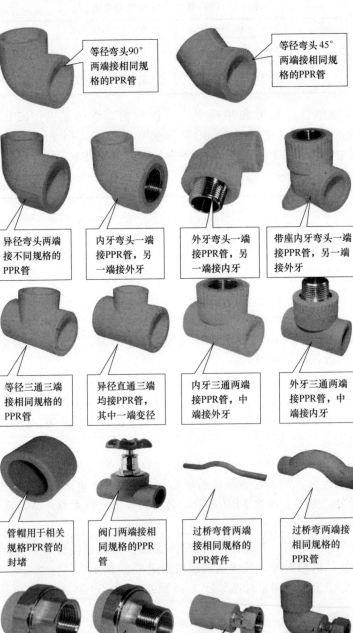

等径弯头90°
两端接相同规
格的PPR管

等径弯头45°
两端接相同规
格的PPR管

异径弯头两端
接不同规格的
PPR管

内牙弯头一端
接PPR管，另
一端接外牙

外牙弯头一端
接PPR管，另
一端接内牙

带座内牙弯头一端
接PPR管，另一端
接外牙

等径三通三端
接相同规格的
PPR管

异径直通三端
均接PPR管，
其中一端变径

内牙三通两端
接PPR管，中
端接外牙

外牙三通两端
接PPR管，中
端接内牙

管帽用于相关
规格PPR管的
封堵

阀门两端接相
同规格的PPR
管

过桥弯管两端
接相同规格的
PPR管件

过桥弯两端接
相同规格的
PPR管

内牙活接用于需
拆卸处的安装连
接，一端接PPR
管，另一端接外
牙

外牙活接用于需
拆卸处的安装连
接，一端接PPR
管，另一端接内牙

内牙直通活接用于
需拆卸处的安装连
接，一端接PPR管，
另一端接外牙，主
要用于水表连接

内牙弯头活接用于
需拆卸处的安装连
接，一端接PPR管，
另一端接外牙，主
要用于水表连接

图 1-13　PPR 给水管配件

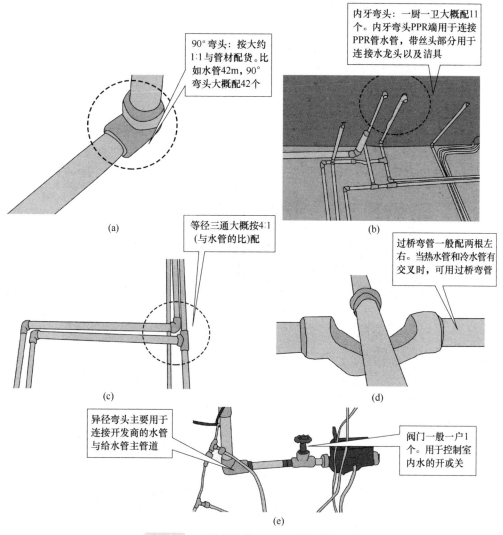

图 1-14　家装给水管主要配件用量标准

经验指导

（1）弯头选购注意事项。首先注意管材的尺寸，要选择尺寸相符的款式。在选购时，可以闻一下弯头的味道，合格的产品没有刺鼻的味道。之后观察配件，看颜色、光泽度是否均匀；管壁是否光洁；带有螺丝扣的还应观察螺纹的分布均匀与否。最后索要产品的合格证书和说明书，选择正规产品才能保证使用的时长和健康。

（2）三通选购注意事项。首先观察外观，外表面应光滑、没有存在会损害强度及外观的缺欠，如结疤、划痕、重皮等；不能有裂纹，表面应无硬点；支管根部不允许有明显褶皱。合格的管件应没有刺鼻的味道，内壁和外壁一样光滑没有杂质，带有螺纹的款式观察螺纹的分布是否均匀。最后，合格的产品应带有一系列的检验说明，可以向商家索要。

1.1.1.2　室内装修常用的排水管材料及配件

在室内装修中，常用的排水管材料主要是 PVC-U 管（图 1-15）。

（1）PVC-U 管认知　PVC-U 管的抗腐蚀能力强，具有良好的水密性、耐化学腐蚀性，具有自熄性和阻燃性、耐老化性好，电性能良好，但韧性低、线膨胀系数大、使用温度范围窄（不超过 45℃）。

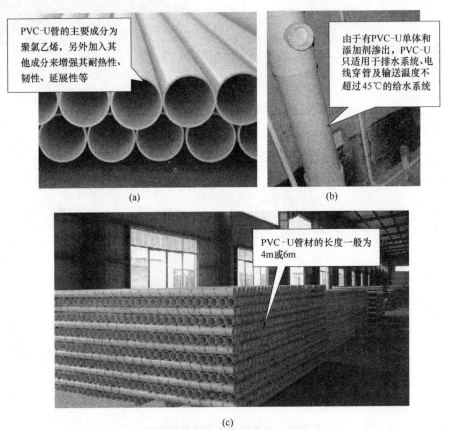

PVC-U管的主要成分为聚氯乙烯，另外加入其他成分来增强其耐热性、韧性、延展性等

由于有PVC-U单体和添加剂渗出，PVC-U只适用于排水系统、电线穿管及输送温度不超过45℃的给水系统

(a)　　　　　　(b)

PVC-U管材的长度一般为4m或6m

(c)

图 1-15　PVC-U 管

PVC-U 管的规格（公称外径，单位为 mm）主要有 32、40、50、75、90、110、160、200、250、315、400、500。

（2）PVC-U 管的选购　见图 1-16。

（3）PVC-U 排水管配件　见图 1-17。

1.1.2　室内装修常用阀门

（1）阀门的种类（图 1-18）　在室内装修水电系统当中，阀门的作用是用以改变通路断面和水流动方向，具有导流、节流、截止、止回、分流或溢流卸压等功能。室内装修中用到的阀门主要有两类，即球阀和涌阀，这两种阀门的特点及内部结构见图 1-19和图 1-20。

看颜色：选择颜色为乳白色且均匀的管材

看韧性：将PVC管锯成窄条后，试着折成180°，如果很难折断，而且在折时越费力才能折断的管材，其强度越好，韧性一般不错。如果一折就断，说明韧性很差，脆性大

看亮度：选择内外壁均比较光滑的管材

看壁厚：厚度需要达到一定的标准，一般以国际标准为主

看断茬：茬口越细腻，说明管材均匀程度、强度和韧性越好

图 1-16　PVC-U 管的选购

直通主要用于连接管路，使管路透气、溢流。内径规格主要有：50、75mm、110mm、160mm、200mm

密封式坐便连接器内径规格一般为110mm

立管伸缩节主要用于两根水管之间的连接，两根管子的连接处可自由活动，以防止由于热胀冷缩而造成的管子弯曲

90°直角弯头(带检查口)主要用来改变管路方向，检查口用来检查管道是否堵塞。内径规格主要有50mm、75mm、110mm、160mm、200mm

45°弯头(带检查口)，内径规格同90°直角弯头(带检查口)

90°直角弯头，内径规格同90°直角弯头(带检查口)

立管检查口主要用于检修管道堵塞时用，内径规格主要有50mm、75mm、110mm、160mm、200mm

顺水三通(等径三通)内径规格主要有50mm、75mm、110mm、160mm、200mm

图 1-17

顺水三通(异径三通)规格主要有75mm×50mm、110mm×50mm、110mm×75mm、160mm×110mm、200mm×160mm

斜三通规格主要有50mm、75mm、110mm、160mm、200mm

平面四通(等径四通)规格主要有50mm、75mm、110mm、160mm

直角立体四通规格主要有110mm(同径)、110mm×75mm(异径)

135°存水弯（带检查口），会存有一定的水，可以有效地隔绝污气，起到防臭的作用,带检查口可以方便检查堵塞,内径规格主要有50mm、75mm、110mm、160mm

圆底存水弯，规格同135°存水弯(带检查口)

S型存水弯带检查口，规格同135°存水弯(带检查口)

P型存水弯带检查口由单P弯和45°弯头组合而成

管卡主要起固定支撑排水管的作用

吊卡是管卡的一种,用于管道的吊装固定,是水暖安装中常用的一种管件

图 1-17　PVC-U 排水管配件

（2）如何选择阀门　阀门的材质主要包括：304 不锈钢、黄铜、锌合金、铸铁、塑料等，如图 1-21 所示。

在选择阀门时，应根据使用者的不同要求来选择不同类型的阀门，一般铜阀门价格适中、寿命较长，是合适的选择。阀门选择的要点见图 1-22。

经验指导

选购阀门除了注意质量外，还应清楚所需要的阀门的种类和结构，不同种类的阀门有不同的结构和规格。例如三角阀的管螺纹就有内螺纹和外螺纹两种，闸阀、球阀则在其阀体或手柄上标有公称压力。

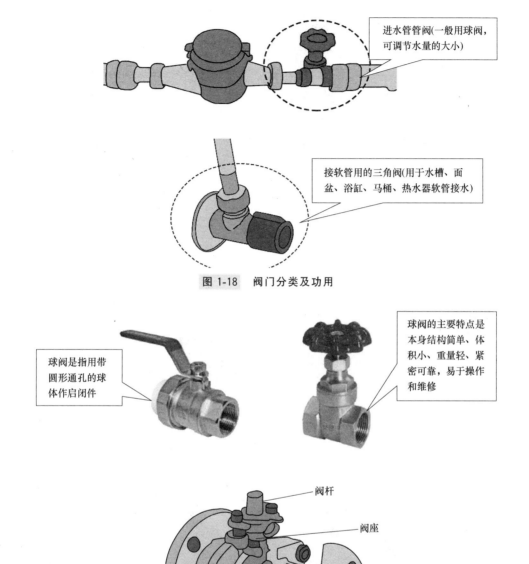

进水管管阀(一般用球阀,可调节水量的大小)

接软管用的三角阀(用于水槽、面盆、浴缸、马桶、热水器软管接水)

图 1-18 阀门分类及功用

球阀的主要特点是本身结构简单、体积小、重量轻、紧密可靠,易于操作和维修

球阀是指用带圆形通孔的球体作启闭件

阀杆

阀座

阀体

球体

图 1-19 球阀原理、特点及内部结构

1.1.3 室内装修常用水龙头

(1) 水龙头的种类和作用 水龙头(水嘴),是用来控制水流大小的开关,有节

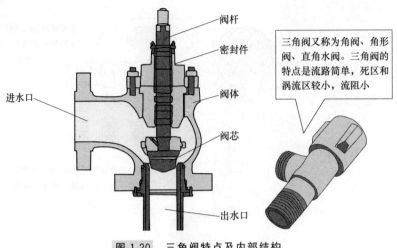

三角阀又称为角阀、角形阀、直角水阀。三角阀的特点是流路简单，死区和涡流区较小，流阻小

阀杆

密封件

进水口

阀体

阀芯

出水口

图 1-20 三角阀特点及内部结构

304不锈钢阀门的特点是耐高压、耐腐蚀、结构简单、体积小、紧密可靠，但价格较高

黄铜阀门的特点是容易加工、可塑性强、有硬度、抗折抗扭力强、不易生锈、耐腐蚀性强

锌合金阀门的特点是造价低，缺点是抗折抗扭力低、表面易氧化、寿命短

铁阀门比较容易生锈，污染水源。目前在家装中已经被淘汰

塑料阀门具有质量轻、耐腐蚀、不吸附水垢等特点

图 1-21 各种材质的阀门

水的功效。水龙头按结构来分，可以分为单联式（图 1-23）、双联式（图 1-24）和三联式（图 1-25）等几种水龙头。另外，还有单手柄和双手柄（图 1-26）之分。

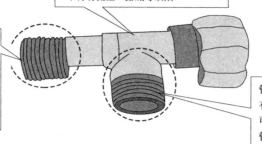

选购时首先目测阀门，表面应无砂眼；电镀表面应光泽均匀、无缺陷；喷涂表面组织应细密、光滑均匀，不得有流挂、露底等缺陷

阀门的管螺纹是与管道连接的，在选购时应目测螺纹表面有无凹痕、断牙等明显缺陷

管螺纹与连接件的旋合有效长度将影响密封的可靠性，选购时要注意管螺纹的有效长度。一般DN15的圆柱管螺纹的有效长度为10mm左右

图 1-22　阀门选择的要点

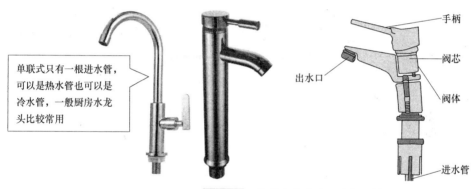

单联式只有一根进水管，可以是热水管也可以是冷水管，一般厨房水龙头比较常用

手柄

出水口

阀芯

阀体

进水管

图 1-23　单联式水龙头及内部结构

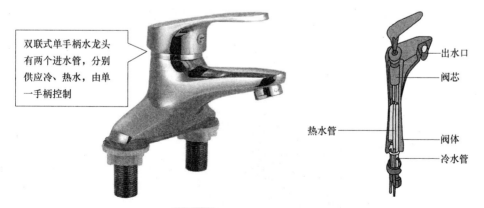

双联式单手柄水龙头有两个进水管，分别供应冷、热水，由单一手柄控制

出水口

阀芯

热水管

阀体

冷水管

图 1-24　双联单手柄水龙头及内部结构

在家装中，主要在厨房和卫生间安装水龙头。家装中常用的水龙头主要包括面盆水龙头（图1-27）、淋浴水龙头（图1-28～图1-30）、菜盆水龙头（图1-31）、洗衣机

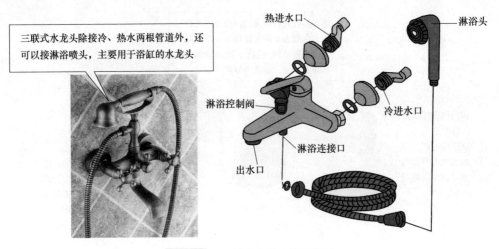

三联式水龙头除接冷、热水两根管道外，还可以接淋浴喷头，主要用于浴缸的水龙头

热进水口　　淋浴头

淋浴控制阀

冷进水口

出水口　　淋浴连接口

图 1-25　　三联式水龙头及结构图

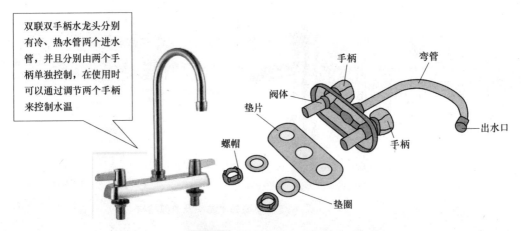

双联双手柄水龙头分别有冷、热水管两个进水管，并且分别由两个手柄单独控制，在使用时可以通过调节两个手柄来控制水温

手柄　　弯管

阀体

垫片

螺帽　　　　　手柄

出水口

垫圈

图 1-26　　双联双手柄水龙头及结构图

水龙头（图 1-32）等。

（2）如何选购水龙头　选购要点见图 1-33。

面盆水龙头根据龙头款式分为单联单手柄、单联双手柄、双联双手柄、双联单手柄等，其中双联单手柄在家装中应用得比较多

图 1-27　　面盆水龙头

淋浴水龙头是一种冷水与热水的混合阀，并需要接手提花洒，淋浴水龙头一般多采用双联单手柄的形式

图 1-28　淋浴水龙头

双联双手柄的淋浴水龙头在使用时，需要分别调整冷水和热水手柄来调节水温度

图 1-29　双联双手柄淋浴水龙头

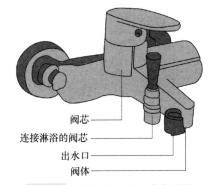

阀芯
连接淋浴的阀芯
出水口
阀体

图 1-30　淋浴水龙头及内部结构

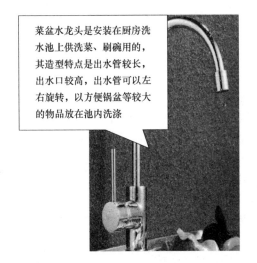

菜盆水龙头是安装在厨房洗水池上供洗菜、刷碗用的，其造型特点是出水管较长，出水口较高，出水管可以左右旋转，以方便锅盆等较大的物品放在池内洗涤

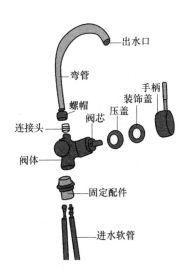

出水口
弯管
螺帽
连接头
阀芯
压盖
装饰盖
手柄
阀体
固定配件
进水软管

图 1-31　菜盆水龙头及内部结构

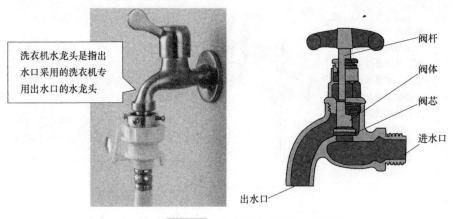

洗衣机水龙头是指出水口采用的洗衣机专用出水口的水龙头

阀杆

阀体

阀芯

进水口

出水口

图 1-32　洗衣机水龙头及内部结构

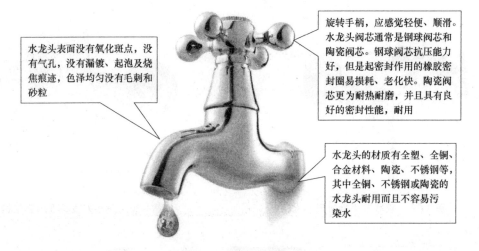

水龙头表面没有氧化斑点，没有气孔，没有漏镀、起泡及烧焦痕迹，色泽均匀没有毛刺和砂粒

旋转手柄，应感觉轻便、顺滑。水龙头阀芯通常是钢球阀芯和陶瓷阀芯。钢球阀芯抗压能力好，但是起密封作用的橡胶密封圈易损耗、老化快。陶瓷阀芯更为耐热耐磨，并且具有良好的密封性能，耐用

水龙头的材质有全塑、全铜、合金材料、陶瓷、不锈钢等，其中全铜、不锈钢或陶瓷的水龙头耐用而且不容易污染水

图 1-33　水龙头的选购

1.1.4　室内装修常用电线电缆

电缆是用以传输电（磁）能、信息和实现电（磁）能转换的线材产品。

1.1.4.1　塑铜线

塑铜线（塑料铜芯电线），全称铜芯聚氯乙烯绝缘电线。一般包括 BV 电线、BVR 软电线、RV 电线、RVS 双绞线、RVB 平行线。常用型号的意义如下：

（1）B 系列属于布电线，所以开头用 B，电压为 300V/500V；

（2）V 就是 PVC 聚氯乙烯，也就是塑料，指外面的绝缘层；

（3）R 表示软，导体的根数越多，电线越软，所以 R 开头的型号都是多股线，S 代表对绞。

家庭常用塑铜线的种类见表 1-4。

表 1-4　家庭常用塑铜线的种类

型号	名　称	适 用 范 围	图示说明
BV	铜芯聚氯乙烯塑料单股硬线,是由 1 根或 7 根铜丝组成的单芯线	适用于居室进户线、室内布线、插座布线、家电产品安装用线、照明布线等	
BVR	铜芯聚氯乙烯塑料软线,是由 19 根以上铜丝绞在一起的单芯线,比 BV 线软	适用于配电箱、电动机、插座布线、照明布线等	
BVV	铜芯聚氯乙烯硬护套线,由 2 根或 3 根 BV 线用护套套在一起组成的	适用于家装进户线、插座布线、照明布线等	
BVVB	铜芯聚氯乙烯硬护套线,由 2 根或 3 根 BV 线用护套套在一起组成的	适用于配电箱、照明布线、插座用线等	
RV	铜芯聚氯乙烯塑料软线,是由 30 根以上的铜丝绞在一起的单芯线,比 BVR 线更软	BVR 电缆与 RV 电缆的区别是:导体结构不一样,RV 的导体细,根数要多一些;电压等级不一样,一般的 BVR 的电压等级要高;绝缘厚度也不一样,BVR 绝缘要厚一些;用途不一样,RV 主要用于家用电器连接线,BVR 主要用于电机、配电柜	
RVB	铜芯聚氯乙烯平行软线,无护套平行软线,俗称红黑线	适用于室内电器、照明连线等	
RVV	铜芯聚氯乙烯软护套线,由 2 根或 3 根 RV 线用护套套在一起组成的	适用于照明连线、电器连线等	
RVS	铜芯聚氯乙烯绝缘绞型连接用软电线,两根铜芯软线成对扭绞无护套	适用于照明连线、电话线等	

经验指导

　市场上的塑铜线包括很多品种,要根据需要的用电负荷来采购合适的电线。建议选购价位合理而不是特别便宜的品牌,线的质量可以用以下方法来鉴别。

（1）看包装。盘型整齐、包装良好，合格证上商标、厂名、厂址、电话、规格、截面、检验员等齐全并印字清晰。

（2）比较线芯。打开包装简单看一下里面的线芯，比较相同标称的不同品牌的电线的线芯，如果两种线一种皮太厚，则一般不可靠。然后用力扯一下线皮，不容易扯破的一般是国标线。

（3）用火烧。绝缘材料点燃后，移开火源，5s内熄灭，有一定阻燃功能的，一般为国标线。

（4）看内芯。内芯（铜质）的材质，越光亮越软铜质越好。国标要求内芯一定要用纯铜。

（5）看线上印字。国家规定线上一定要印有相关标识，如产品型号、单位名称等，标识最大间隔不超过50cm，印字清晰、间隔匀称的应该为大厂家生产的国标线。

1.1.4.2　TV 线

TV 线（图 1-34）正规名称是 750 同轴电缆，主要用于传输视频信号，保证高质量的图像接收。一般型号表示为 SYWV，国标代号是射频电缆，特性阻抗为 75Ω。TV 线的型号与规格见表 1-5。

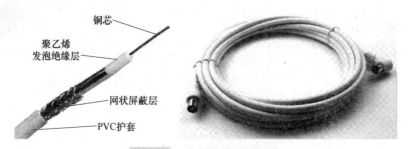

图 1-34　TV 线的结构和外观

表 1-5　TV 线的型号与规格

型号	绝缘外径/mm	电缆外径/mm	绝缘电阻/(MΩ·km)	特性阻抗/Ω
SYWV-75-5	4.8±0.2	5.8(max)	5000	75±3
SYWV-75-7	7.25±0.25	8.3(max)	5000	75±2.5
SYWV-75-9	9.0±0.25	10.3(max)	5000	75±2.5
SYWV-75-12	11.5±0.3	12.8(max)	5000	75±2

选购 TV 线时，首先要求是正规厂家生产的产品；其次看线体，线体由铜丝、屏蔽线、绝缘层和护套组成。

铜丝的标准直径为1mm，同时，铜的纯度越高、铜色越亮越好；屏蔽网要紧密、覆盖完全；绝缘层坚硬光滑，手捏不会发扁；好的护套线使用优质的聚氯乙烯制成的，用手撕不动。

1.1.4.3　网线

网线用于局域网内以及局域网与以太网的数字信号传输，即双绞线。双绞线采用了一对互相绝缘的金属导线互相绞合的方式来抵御一部分外界电磁波干扰，把两根绝缘的铜导线按一定密度互相绞在一起，可以降低信号干扰的程度。双绞线可分为非屏蔽双绞线（UTP）和屏蔽双绞线（STP），家中最常用的是 UTP。常见网线的型号及特点见表 1-6。

表 1-6　常见网线的型号及特点

型号	名称	特点	图片
UTP	非屏蔽双绞线	无屏蔽外套，直径小，节省所占用的空间；重量轻、易弯曲、易安装；具有阻燃性；可以将近端串扰减至最小或加以消除	
STP	屏蔽双绞线	线的内部含有一层金属隔离膜，在数据传输时可以减少电磁干扰，稳定性较高	

除上述的分类外，双绞线还可以分为 5 类线、超 5 类线和 6 类线，如图 1-35 所示。

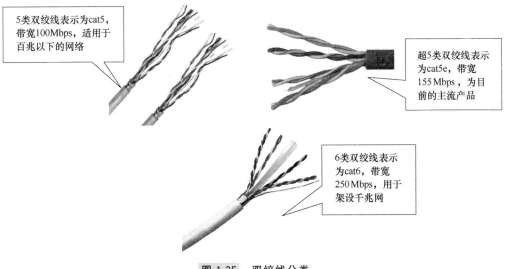

5类双绞线表示为cat5，带宽100Mbps，适用于百兆以下的网络

超5类双绞线表示为cat5e，带宽155Mbps，为目前的主流产品

6类双绞线表示为cat6，带宽250Mbps，用于架设千兆网

图 1-35　双绞线分类

经验指导

选购网线时注意以下几方面。

（1）看外观。正品 5 类线的塑料皮上印刷的字符非常清晰、圆滑，基本上没有锯齿状。假货的字迹印刷质量较差，有的字体不清晰，有的呈严重锯齿状。正品 5 类线所标注的是"cat5"，超 5 类所标注的是"5e"，而假货一般所标注的字母全为大写，如"CAT5"。

（2）看质地。正品线质地比较软，而一些不法厂商在生产时为了降低成本，在铜中添加了其他的金属元素，做出来的导线较硬，不易弯曲。

（3）看颜色。用剪刀去掉一小截线外面的塑料包皮，4 对芯线中白色的那条不应是纯白的，而是带有与之成对的那条芯线颜色的花白，假货则为纯白。

（4）看阻燃性。用火烧，可将双绞线放在高温环境中测试一下，在 $35\sim40℃$ 时，网线外面的胶皮会不会变软，正品阻燃性佳，不会变软。

1.1.4.4　电话线

电话线是指电话进户线，由铜线芯和护套组成，电话线连接到电话机上，才可以拨打电话。电话线的国际线径为 0.5mm，其信号传输速率取决于铜芯的纯度及横截面积。电话线芯的种类及特点见表 1-7。

表 1-7　电话线芯的种类及特点

名称	特点	图片
铜包钢线芯	线较硬，不适合用于外部扯线，容易断芯。但是可以埋在墙里使用，只能近距离使用	
铜包铝线芯	线较软，易断芯，可以埋在墙里，也可以在墙外扯线，只能近距离使用	
全铜线芯	线软，可以埋在墙里，也可以墙外扯线，可以用于远距离传输使用	

电话线常见规格包括二芯、四芯和六芯 3 种，普通电话使用二芯即可，传真机或拨号上网需使用四芯或六芯。辨别芯材可以将线弯折几次，容易折断的铜的纯度不高，反之则铜含量高。

质量好的电话线外面的护套是用纯度高的聚氯乙烯制成的，用手撕不动，可以良好地保护线芯，而劣质的则容易撕下来。

1.1.5　室内装修常用电线套管

（1）PVC 电工套管（图 1-36）　目前室内装修中使用的电工管材主要是 PVC 套管（PVC-U 套管）。

PVC 电工套管的常见规格主要包括公称外径为 16mm、20mm、25mm、32mm、40mm、50mm、63mm 等几种。

PVC管(PVC-U管)的主要成分为聚氯乙烯树脂，它具有较好的抗拉强度、抗压强度、拉伸性、阻燃性，具有优异的耐酸性、耐碱性、耐腐蚀性，不受潮湿水分和土壤酸碱度的影响

图 1-36　PVC 电工套管

（2）电工套管的配件（图 1-37）　室内装修中常用的 PVC 电工套管的配件主要包括锁扣、直接、接线盒、管卡、灯头盒等。

锁扣是PVC线管与接线盒连接的接头，主要起固定与保护的作用。锁扣的规格主要有16mm、20mm、25mm等

(a) 锁扣

直接主要用来连接两根PVC线管，规格主要有16mm、20mm、25mm、32mm、40mm、50mm等

接线盒主要用在电线的接头部位或转弯部位，起过渡作用。一般装修中使用的接线盒是86型的，即开关插座面板的外径为86mm×86mm

(b) 直接　　　　(c) 接线盒

管卡主要用来固定PVC线管，其规格主要有16mm、20mm、25mm、32mm、40mm、50mm等

(d) 管卡

灯头盒主要起分线的作用，可以实现一条回路中串接多个灯具，从而可以减少回路数量。灯头盒常见的尺寸为75mm×50mm

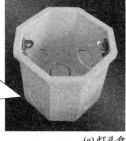

(e) 灯头盒

图 1-37　家装中常用的 PVC 电工套管的配件

1.1.6 室内装修常用开关插座

（1）开关　开关（图1-38）是用来接通和断开电路的元件。

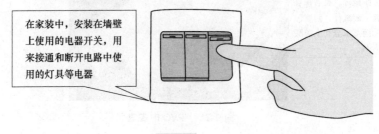

在家装中，安装在墙壁上使用的电器开关，用来接通和断开电路中使用的灯具等电器

图1-38　开关

在室内装修中，常用的开关主要有旋转开关（图1-39）、翘板开关（图1-40）等。

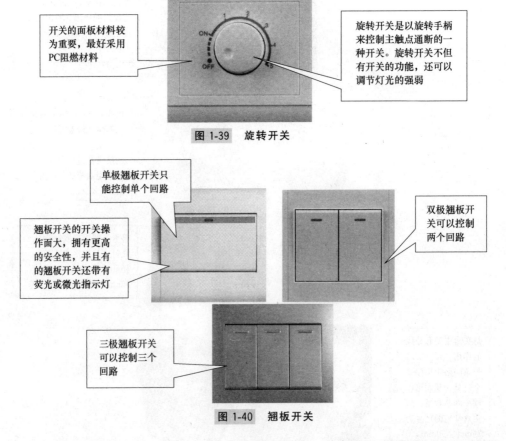

开关的面板材料较为重要，最好采用PC阻燃材料

旋转开关是以旋转手柄来控制主触点通断的一种开关。旋转开关不但有开关的功能，还可以调节灯光的强弱

图1-39　旋转开关

单极翘板开关只能控制单个回路

翘板开关的开关操作面大，拥有更高的安全性，并且有的翘板开关还带有荧光或微光指示灯

双极翘板开关可以控制两个回路

三极翘板开关可以控制三个回路

图1-40　翘板开关

（2）强电插座　插座（图1-41）是指有一个或一个以上电路接线可插入的座，通过它可插入各种接线，便于与其他电路接通。电源插座是为家用电器提供电源接口的电气设备。

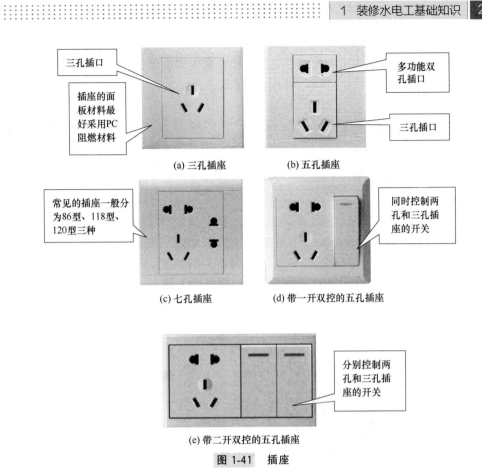

图 1-41　插座

（3）弱电插座　家装中常见的弱电插座（图1-42）主要包括电视插座、电话插座、电脑插座（网络插座）等。

图 1-42　家装中常用的弱电插座

（4）开关插座的选购方法　开关插座的选购方法如下。

① 看开关插座的额定电流。开关应尽量选择大电流开关，一般空调、热水器的插座选择额定电流为16A，连接电器较多的插座也尽量选择额定电流为16A，一般的插座可以选择额定电流为10A。

② 看开关插座的外壳材料。一般好的开关，插座产品均选用优质PC料。PC料阻燃性能好、抗冲击、耐高温、不易变色。好的开关正面面板和背面的底座都会采用PC料。

③ 掂重量。购买开关插座应掂量单个开关的重量。因为只有里面的铜片厚，单个产品的重量才会大，而里面的铜片是开关插座最关键的部分，如果是薄的铜片则不会有同样的重量和品质。

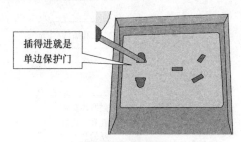

插得进就是单边保护门

图 1-43　挑选插座之看保护门

④ 看保护门。好的插座保护门单插一个孔是打不开的，只有两个孔一起插才能顶开保护门。挑选插座时，建议用螺丝刀或小钥匙插两孔的一边和三孔下边的任意一孔，如图 1-43 所示。

⑤ 看铜片材料（图 1-44）。如果是紫红色，说明插口内的材料为锡磷青铜，这样的插座质量一般较好，如果里面的铜片是明黄色，说明采用的是黄铜，黄铜没有弹性，质地偏软，使用时间长了导电性能就会下降。

⑥ 看五孔插座二、三插口之间的距离（图 1-45）。有些产品设计不到位，二孔插口和三孔插口距离比较近。

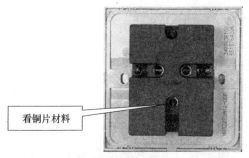

看铜片材料

图 1-44　挑选插座之看铜片材料

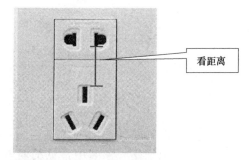

看距离

图 1-45　挑选插座之看距离

⑦ 看开关的触点（图 1-46）。触点即开关过程中导电零件的接触点。

⑧ 看开关结构。目前较通用的开关结构包括滑板式和摆杆式两种。滑板式开关

一要看触点大小（越大越好），二要看材料。触点材料主要有两种：银合金、纯银。银合金是目前比较理想的触点材料，导电性能好，硬度比较好，也不容易氧化、生锈，纯银材料则容易氧化，性能大打折扣也不持久

图 1-46　挑选插座之看开关的触点

声音雄厚，手感优雅舒适；摆杆式声音清脆，有稍许金属撞击声，在消灭电弧及使用寿命方面比滑板式结构较稳定，技术较成熟。

⑨ 看开关压线（图1-47）。双孔压板接线比螺钉压线更安全。因前者增加导线与电器件接触面积，耐氧化，不易松动或接触不良；而后者螺钉在坚固时容易压伤导线，接触面积小，使电件易氧化、老化，导致接触不良。

⑩ 选购开关时用手试一下（图1-48）。用手尝试着开关一下，弹簧强度大，手感一定是清脆有力，而那种手感涩滞的，一定是弹簧强度不足，或结构不佳，会导致分断不干脆，电弧较强，危险性大。

目前好的产品均采用双孔压板接线方式

图1-47 挑选开关之看开关压线

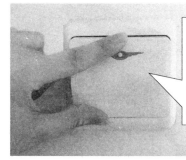

用食指、拇指分别按住开关面盖两侧使之成为端点，一端按住不动，另一端用力按压，面盖松动、下陷的产品质量较差，反之则质量可信

图1-48 挑选开关之用手试一下

1.1.7 室内装修常用电气辅助材料

1.1.7.1 暗装底盒

底盒也叫线盒，原料为PVC，在安装时需预埋在墙体中。安装电器的部位与线路分支或导线规格改变时需要安装线盒。电线在盒中完成穿线后，上面可以安装开关、插座的面板。

暗盒（图1-49）款式的选择取决于开关插座的类型，开关插座是通过螺丝安装固定在暗盒上的，如果开关插座的螺丝孔和暗盒的螺丝孔对不上，开关插座就无法安装。在选购时建议选择大品牌、正规品牌的暗盒。好的暗盒采用PVC原生料生产，厚度大、金属件牢固、防火等级高。而一些小厂的产品直接用再生料来生产，盒体非常脆，容易断裂且易燃。

1.1.7.2 黄蜡管

黄蜡管（图1-50）的学名为聚氯乙烯玻璃纤维软管，主要原料是玻璃纤维，通过拉丝、编织、加绝缘清漆后完成，具有良好的柔软性、弹性。在布线（网线、电线、音频线等）过程中，如果需要穿墙，或者暗线经过梁柱的时候，导线需要加护，此时会用黄蜡管来实现。

在选购黄蜡管时，注意其表面应平整光滑、光亮、颜色鲜艳，涂层不得开裂、脱落、起层，套管不能出现发黏，套管壁之间也不应粘连。不能出现变色、软化、气泡、油污等影响正常使用的现象。

1.1.7.3 绝缘胶布

绝缘胶布（图1-51）指电工使用的用于防止漏电，起绝缘作用的胶带，又称绝

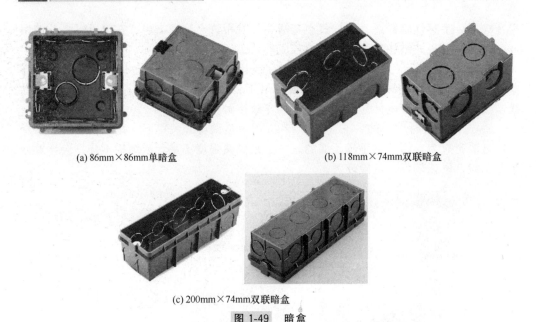

(a) 86mm×86mm单暗盒　　　　　　　(b) 118mm×74mm双联暗盒

(c) 200mm×74mm双联暗盒

图 1-49　暗盒

缘胶带，主要用于 380V 电压以下使用的导线的包扎、接头、绝缘密封等电工作业。

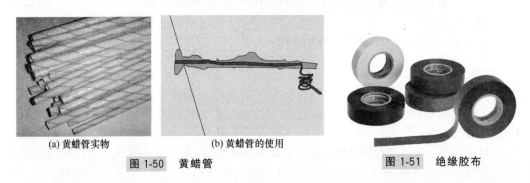

(a) 黄蜡管实物　　　　　　(b) 黄蜡管的使用

图 1-50　黄蜡管　　　　　　　　**图 1-51　绝缘胶布**

胶布带由基带和压敏胶层组成。基带通常采用棉布、合成纤维织物和塑料薄膜等，胶层由橡胶加增黏树脂等配合剂制成，具有良好的绝缘、耐压，阻燃、耐候等特性，适用于电线接驳、电气绝缘防护。

常用的绝缘胶布的种类包括 PVC 防水绝缘胶布和高压自粘带。PVC 防水绝缘胶布具有透明、柔软较好的防水绝缘功能；高压自粘带一般用在等级较高的电压上，延展性好，在防水上要更出色，但它的强度不如 PVC 胶布。可以根据使用场所的特点购买单一品种或两种配合使用。

1.1.7.4　管夹

管夹也叫管箍，起到固定单根或多根 PVC 电线套管的作用。当线管多根并排走向时，可以采用新型的、可组装的管卡（图 1-52）进行组装卡管。

管夹型号包括 16mm、20mm、25mm、32mm、40mm、50mm 几种，根据使用的 PVC 管的直径进行选择。管夹的材料为 PVC，好的 PVC 颜色为乳白色，不会雪白，且韧性很好，用手扳动不易碎裂、变形。

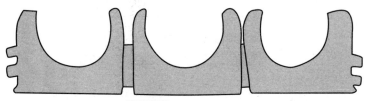

图 1-52　可组装管夹

1.1.7.5　PVC 螺纹管

　　PVC 螺纹管（图 1-53）是用来保护电线的套管，常用在吊顶上。

　　PVC 螺纹管和波纹管一样，可以分为单壁塑料螺旋管和双壁塑料螺旋管两种类型。由树脂加工成型的螺旋管能随意弯曲，具有较强的拉伸强度和剪切强度，因螺旋缠绕筋的加强作用，使其具有较大的耐压强度。在许多场合，可以代替金属管、铁皮风管及相应实壁塑料管使用。

图 1-53　PVC 螺纹管

> **经验指导**
>
> 选购 PVC 螺纹管时注意以下方面。
>
> （1）看外观。内、外壁应光滑，除了本身的螺纹，没有其他的凹陷、突出部位，无针孔、无气泡，内、外径尺寸应当符合标准，管壁厚度均匀一致。
>
> （2）阻燃性应好。用火烧管体，离火后 30s 内自动熄灭的证明阻燃性佳。
>
> （3）抗压能力应强。重压后不易变形、开裂。
>
> （4）弯曲后应光滑。不应存在不圆滑的转角。

1.2　室内装修常用水电工具

1.2.1　水平测量工具

　　（1）钢卷尺　钢卷尺（盒尺）用来测量长度。钢卷尺中心测量结构为有一定弹性的钢带，卷于金属或塑料等材料制成的尺盒或框架内。按照尺带盒结构的不同，可以分为自卷式卷尺、制动式卷尺、摇卷盒式卷尺和摇卷架式卷尺 4 种，如图 1-54 所示。

　　（2）水平尺（图 1-55）　主要用来检测或测量水平和垂直度，既能够用于短距离测量，又能用于远距离的测量。它解决了水平仪狭窄地方测量难的缺点，且测量精确、携带方便，分为普通款和数显款两种。

　　（3）红外线水平仪（图 1-56）　红外线水平仪主要用来检测或测量水平和垂直度，也可以测知倾斜方向和角度大小，在使用时底座必须平整。座面中央装有纵长圆曲形状的玻璃管，也有在左端附加横向小型水平玻璃管的，管内留有一小气泡，它在管中永远位于最高点。使用水平仪前应当先行检查，先将水平仪放在平板上，读取气泡的刻度大小，然后将水平仪反转置于同一位置，再读取其刻度大小，如果读数相

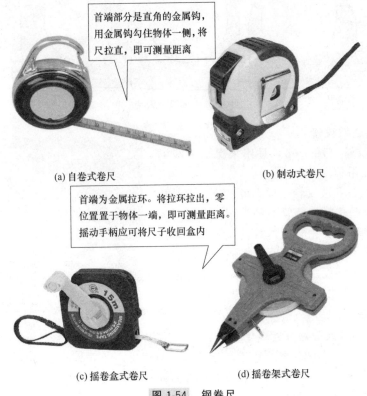

首端部分是直角的金属钩，用金属钩勾住物体一侧，将尺拉直，即可测量距离

(a) 自卷式卷尺 (b) 制动式卷尺

首端为金属拉环。将拉环拉出，零位置置于物体一端，即可测量距离。摇动手柄应可将尺子收回盒内

(c) 摇卷盒式卷尺 (d) 摇卷架式卷尺

图 1-54　钢卷尺

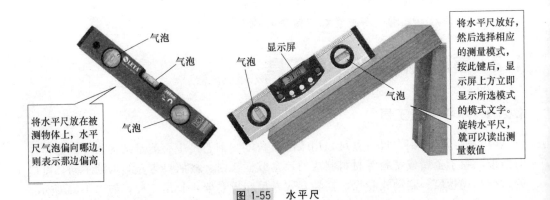

气泡　气泡

显示屏

气泡

将水平尺放好，然后选择相应的测量模式，按此键后，显示屏上方立即显示所选模式的模式文字。旋转水平尺，就可以读出测量数值

气泡

将水平尺放在被测物体上，水平尺气泡偏向哪边，则表示那边偏高

图 1-55　水平尺

同，即表示水平仪底座与气泡管相互间的关系是正确的。

1.2.2　螺丝刀

（1）螺丝刀（图 1-57）的种类和特点　螺丝刀又称为改锥、起子等，是拧紧或旋松头部带一字或十字槽螺钉的工具。螺丝刀按不同的头型可以分为一字、十字、米字、星形、方头、六角头及 Y 形头部等。按照螺丝刀本身的性能特点可以分为普通螺丝刀、组合型螺丝刀和电动螺丝刀。

（2）螺丝刀的使用方法　见图1-58。

1.2.3 钳子

钳子（图1-59）是一种用于夹持、固定加工工件或者扭转、弯曲、剪断金属丝线的手工工具。钳子的种类很多，水电工常用的主要包括钢丝钳、尖嘴钳、斜口钳、剥线钳等。

1.2.3.1 钢丝钳

钢丝钳由钳头、钳柄及钳柄绝缘柄套组成，其绝缘柄套可耐压500V。钢丝钳主要用来钳夹和剪切，电工用的钢丝钳钳上套有绝缘胶套，具有一定的耐压作用。在水电工作业中，

图 1-56　红外线水平仪

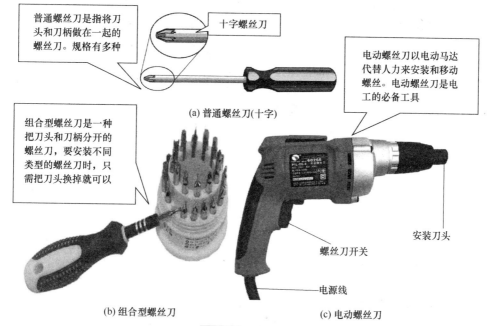

普通螺丝刀是指将刀头和刀柄做在一起的螺丝刀。规格有多种

十字螺丝刀

（a）普通螺丝刀(十字)

组合型螺丝刀是一种把刀头和刀柄分开的螺丝刀，要安装不同类型的螺丝刀时，只需把刀头换掉就可以

电动螺丝刀以电动马达代替人力来安装和移动螺丝。电动螺丝刀是电工的必备工具

安装刀头

螺丝刀开关

电源线

（b）组合型螺丝刀

（c）电动螺丝刀

图 1-57　螺丝刀

大部分螺丝用螺丝刀顺时针旋转为拧紧，逆时针旋转为松出

最后拧紧时，要用力压紧并扭转螺丝刀，开始拧螺丝时相同

当螺丝松动后，轻压螺丝刀刀柄，用几个手指快速转动螺丝刀刀柄即可拧出螺丝

图 1-58　螺丝刀的使用方法

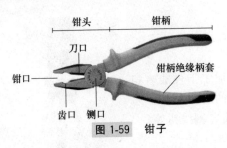

图 1-59　钳子

主要用来剪切粗金属线、加工小金属零件等。在剪切带电导线时，注意不能将相线和零线或不同相的相线放在一个钳口内同时切断。钢丝钳的使用方法见图 1-60。

1.2.3.2　尖嘴钳

尖嘴钳（图 1-61）是电工的常用工具之一，其头部尖细，能够在狭小的工作环境中夹持轻巧的工件或线材，也能剪切、弯折细导线，如图 1-62 所示，其绝缘柄的耐压强度为 500V，常用的包括 130mm、160mm、180mm、200mm 4 种规格。

齿口可以用来紧固或拧松螺母，刀口可以用来剪切导线或剖切软导线绝缘层，铡口能用来铡切电线线芯和钢丝、铅丝等软硬金属

图 1-60　钢丝钳的使用方法

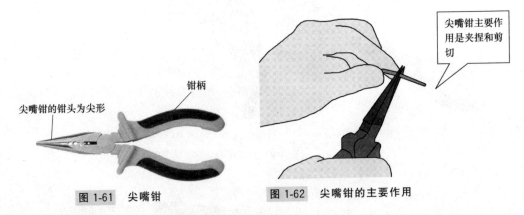

尖嘴钳主要作用是夹捏和剪切

尖嘴钳的钳头为尖形

图 1-61　尖嘴钳

图 1-62　尖嘴钳的主要作用

1.2.3.3　斜口钳

斜口钳（图 1-63）又称断线钳，由钳头、钳柄和绝缘手柄组成，由于剪切口与钳柄成一定角度，可用于剪切较粗的导线或其他金属丝。特别是在比较狭小的设备内，斜口钳还可以用于剪切薄金属片、细金属丝或剖切导线的绝缘层等。另外，因为其绝缘手柄能承受 1000V 的电压，因此也可以带电剪切导线。

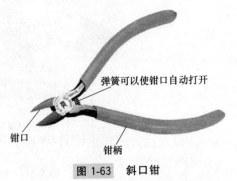

弹簧可以使钳口自动打开

钳口

钳柄

图 1-63　斜口钳

1.2.3.4　剥线钳

剥线钳（图1-64）由钳头和钳柄两部分组成，钳头由压线口和切口两部分组成的，它是电工剥削导线绝缘层的专用工具，其钳头的切口处分布有直径为0.5～3mm的多个切口，能够适应不同规格的导线。在使用剥线钳时，要注意切口不能小于被切导线的直径，以免剥伤线芯。剥线钳的使用方法见图1-65。

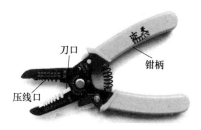

刀口

钳柄

压线口

图 1-64　剥线钳

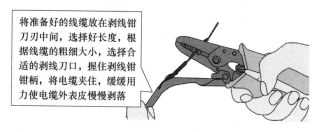

将准备好的线缆放在剥线钳刀刃中间，选择好长度，根据线缆的粗细大小，选择合适的剥线刀口，握住剥线钳钳柄，将电缆夹住，缓缓用力使电缆外表皮慢慢剥落

图 1-65　剥线钳的使用方法

1.2.4　扳手

扳手（图1-66）是一种用来紧固或起松螺栓的工具，水电工施工中用得比较多的是活扳手。活扳手由头部和手柄组成，头部由活扳唇、呆扳唇、蜗轮和轴销等组成。活扳手的规格用长度（mm）×最大开口宽度（mm）来表示的，常用的规格包括150mm×19mm、200mm×24mm、250mm×30mm和300mm×36mm等几种，前面的数字表示扳手的总长度，后面的数字表示开口最大尺寸。

活扳手的使用方法如图1-67所示。

1.2.5　电烙铁

电烙铁是手工焊接的主要工具，是通过加热使铅锡焊料熔化后，借助焊剂的作用，在被焊金属表面形成合金点而达到永久性连接。常用电烙铁包括内热式和外热式两种。内热式电烙铁（图1-68）的烙铁头在电热丝的

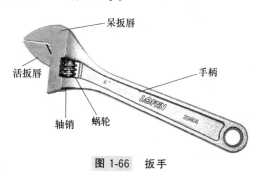

呆扳唇

活扳唇

手柄

轴销　蜗轮

图 1-66　扳手

外面，这种电烙铁加热快且重量轻。外热式电烙铁（图1-69）的烙铁头是插在电热丝里面，它加热虽然较慢，但相对而言，它的焊接效果更为牢固。电烙铁的使用方法见图1-70。

1.2.6　验电笔

测电笔（电笔）是一种电工工具，用以测试电线中是否带电，可以分为数显测电笔（图1-71）和氖气测电笔（图1-72）两种。

验电笔的使用方法如图1-73所示。

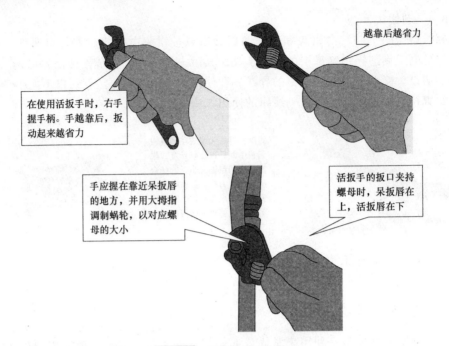

在使用活扳手时，右手握手柄。手越靠后，扳动起来越省力

越靠后越省力

手应握在靠近呆扳唇的地方，并用大拇指调制蜗轮，以对应螺母的大小

活扳手的扳口夹持螺母时，呆扳唇在上，活扳唇在下

图 1-67　活扳手的使用方法

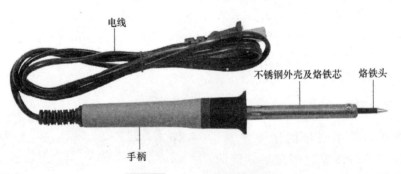

电线

不锈钢外壳及烙铁芯

烙铁头

手柄

图 1-68　内热式电烙铁结构

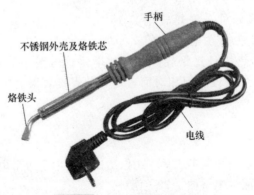

手柄

不锈钢外壳及烙铁芯

烙铁头

电线

图 1-69　外热式电烙铁结构

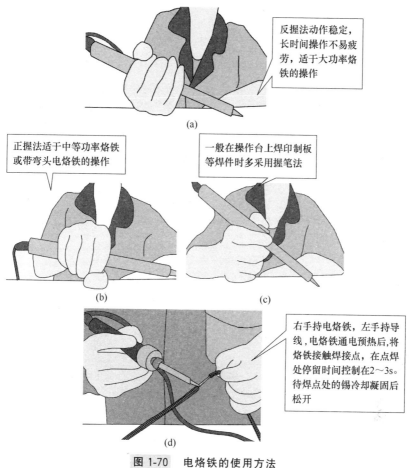

反握法动作稳定，长时间操作不易疲劳，适于大功率烙铁的操作

(a)

正握法适于中等功率烙铁或带弯头电烙铁的操作

一般在操作台上焊印制板等焊件时多采用握笔法

(b)

(c)

右手持电烙铁，左手持导线，电烙铁通电预热后，将烙铁接触焊接点，在点焊处停留时间控制在2～3s。待焊点处的锡冷却凝固后松开

(d)

图 1-70　电烙铁的使用方法

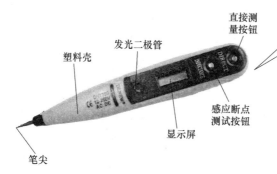

直接测量按钮

发光二极管

塑料壳

轻触直接测量(DIRECT)键，测电笔金属前端直接接触被检测物

感应断点测试按钮

显示屏

笔尖

图 1-71　数显测电笔

经验指导

　　不管数显电笔上文字如何印刷，通常来说，离液晶屏较远的为应直接测量键（DIRECT），离液晶屏较近的为感应/断点测量键（INDUCTANCE）。若不是这样布局则表明为山寨或劣质产品，为了人身安全着想，不建议购买。

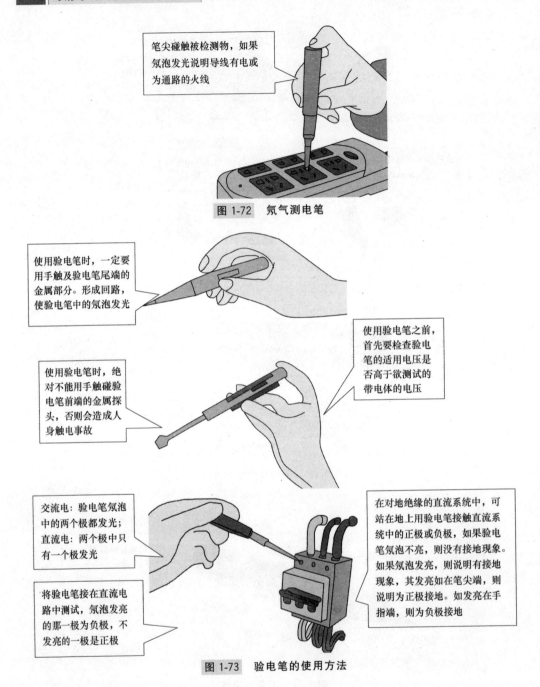

笔尖碰触被检测物，如果氖泡发光说明导线有电或为通路的火线

图 1-72　氖气测电笔

使用验电笔时，一定要用手触及验电笔尾端的金属部分。形成回路，使验电笔中的氖泡发光

使用验电笔之前，首先要检查验电笔的适用电压是否高于欲测试的带电体的电压

使用验电笔时，绝对不能用手触碰验电笔前端的金属探头，否则会造成人身触电事故

交流电：验电笔氖泡中的两个极都发光；直流电：两个极中只有一个极发光

在对地绝缘的直流系统中，可站在地上用验电笔接触直流系统中的正极或负极，如果验电笔氖泡不亮，则没有接地现象。如果氖泡发光，则说明有接地现象，其发亮如在笔尖端，则说明为正极接地。如发亮在手指端，则为负极接地

将验电笔接在直流电路中测试，氖泡发亮的那一极为负极，不发亮的一极是正极

图 1-73　验电笔的使用方法

1.2.7　电工刀

电工刀（图1-74）是一种剖削导线线头、削制木榫的电工常用工具。由于电工刀手柄没有绝缘保护，不能在带电导线上使用。电工刀不许代替锤子敲击使用。用完后，应立即将刀身折入电工刀手柄内。用电工刀剥削电线如图1-75所示。

电工刀的刀刃部分要磨得锋利才好剥削电线，但不可以太锋利，太锋利容易削伤线芯，而磨得太钝，则无法剥削绝缘层。磨刀刃通常采用磨刀石或油磨石，磨好后再将底部磨点倒角，即刃口略微圆一些。对双芯护套线的外层绝缘的剥削，可以用刀刃对准两芯线的中间部位，将导线一剖为二。

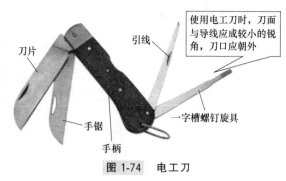

图 1-74 电工刀

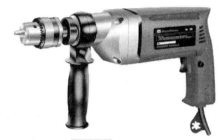

图 1-75 电工刀的使用

图 1-76 冲击钻

1.2.8 冲击钻

冲击钻（图1-76）主要适用于对混凝土地板、墙壁、砖块、石料、木板及多层材料上进行冲击打孔；另外还可以在木材、金属、陶瓷和塑料上进行钻孔和攻牙而配备有电子调速装备作顺、逆转等功能。冲击钻的使用方法见图1-77。

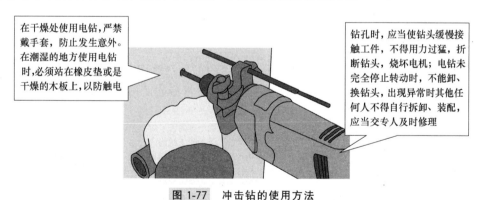

图 1-77 冲击钻的使用方法

1.2.9 试压泵

试压泵（图1-78）是专供各类压力容器、管道、阀门等做水压试验和实验室中获得高压液体的检测设备，其工作原理是：柱塞通过手柄上提时，泵体内产生真空，进水阀开启清水经进水滤网、进水管进入泵体，手柄施力下压时进水阀关闭，出水阀顶开，输出压力水，并且进入被测器件，如此往复进行工作，实现额定压力的试压。

在试压过程中，如果发现压力表气压下降，则可确定管子有渗水，加压后可观察具体渗水点位置

图 1-78　试压泵

1.2.10　熔接器

熔接器（图 1-79）适用于热塑性塑料管材，如 PPR、PE、PP-C 管的连接。

接通电源，绿色指示灯亮，红色指示灯熄灭，表示熔接器进入自动控制状态，可开始操作。用切管器垂直切断管材，将管材与管件同时无旋转推进熔接器模头内，达到加热时间后，把管材与管件从模头同时取下，迅速无旋转地直线均匀插入到所需深度，使接头开成均匀凸缘，即完成熔接操作

图 1-79　熔接器

1.2.11　弯管器

弯管器（图 1-80）是水电工排线布管所用的工具，适用于 PVC 管、铝塑管、铜管等管道使用，使管道弯曲工整、圆滑、快捷。弯管器的使用方法见图 1-81。

将需要弯曲处理的管子放入弯管工具的轮子槽沟内，槽管沟用力锁紧，慢慢地旋转杆柄，直至达到所需要的弯曲角度为止，操作完成之后就可以拿出弯管

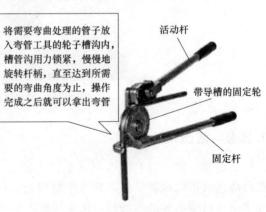

活动杆

带导槽的固定轮

固定杆

图 1-80　弯管器

图 1-81　弯管器的使用方法

1.3　室内装修水电施工图识读

1.3.1　配电系统图识读

（1）配电系统图中的电气符号含义　要想看懂配电系统图，首先应当掌握各种电气符号的含义和使用方法，能够充分解读其所提供的信息，才能够正确地识图。配电系统图中主要使用文字符号、图形符号来表示，如图1-82所示。

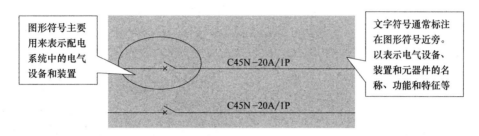

图形符号主要用来表示配电系统中的电气设备和装置

C45N-20A/1P

文字符号通常标注在图形符号近旁。以表示电气设备、装置和元器件的名称、功能和特征等

C45N-20A/1P

图 1-82　配电系统图中的表示方法

① 导线根数的表示方法如图1-83所示。

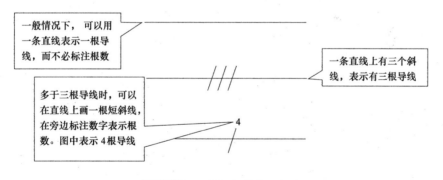

一般情况下，可以用一条直线表示一根导线，而不必标注根数

一条直线上有三个斜线，表示有三根导线

多于三根导线时，可以在直线上画一根短斜线，在旁边标注数字表示根数。图中表示4根导线

图 1-83　导线根数的表示方法

② 导线特征的表示方法如图1-84所示。

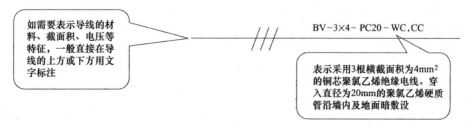

如需要表示导线的材料、截面积、电压等特征，一般直接在导线的上方或下方用文字标注

BV-3×4-PC20-WC,CC

表示采用3根横截面积为4mm²的铜芯聚氯乙烯绝缘电线。穿入直径为20mm的聚氯乙烯硬质管沿墙内及地面暗敷设

图 1-84　导线特征的表示方法

导线特征标注格式为：

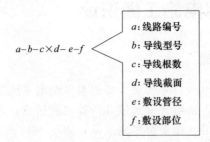

$$a-b-c×d-e-f$$

- a：线路编号
- b：导线型号
- c：导线根数
- d：导线截面
- e：敷设管径
- f：敷设部位

线路敷设方式的标注字母含义如表 1-8 所示。

表 1-8　线路敷设方式的标注字母

名　　称	标注字母	名　　称	标注字母
穿焊接钢管敷设	SC	穿塑料波纹电线管敷设	KPC
穿电线管敷设	MT	穿金属软管敷设	CP
穿硬塑料管敷设	PC	直接埋设	DB
穿阻燃半硬塑料管敷设	FPC	电缆沟敷设	TC
在电缆桁架内敷设	CT	沿天棚面或顶棚面敷设	CE
在金属线槽内敷设	MR	用钢索敷设	M
在塑料线槽内敷设	PR		

导线敷设部位的标注字母含义如表 1-9 所示。

表 1-9　导线敷设部位的标注字母

名　　称	标注字母	名　　称	标注字母
沿或跨梁(屋架)敷设	AB	暗敷设在墙内	WC
暗敷在梁内	BC	沿天棚或顶板面敷设	CE
沿或跨柱敷设	AC	暗敷设在屋面或面板内	CC
暗敷在柱内	CLC	吊顶内敷设	SCE
沿墙面敷设	WS	地板或地面下敷设	FC

③ 断路器表示方法。断路器是电力系统中控制和保护用的电工设备。在家装中主要用在配电系统中。

如需要表示断路器的型号、电流等参数时，一般直接在断路器图形符号（图 1-85）的上方或下方用文字标注。

(2) 配电系统图识读方法　配电系统图主要表达电气设备间的电气连接关系，通过配电系统图可以了解以下内容：电源进线的类型与铺设方式、电线的根数；进线总开关的类型与特点；电源进入配电箱后分的支路数量，以及支路的名称与功能、电线数量、开关特点与类型、铺设方式；是否有零排、保护线端子排；配电箱的编号和功率。

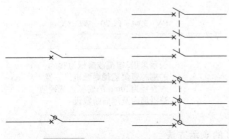

图 1-85　断路器的图形符号

下面介绍如何详细识读配电系统图，

如图 1-86 所示。

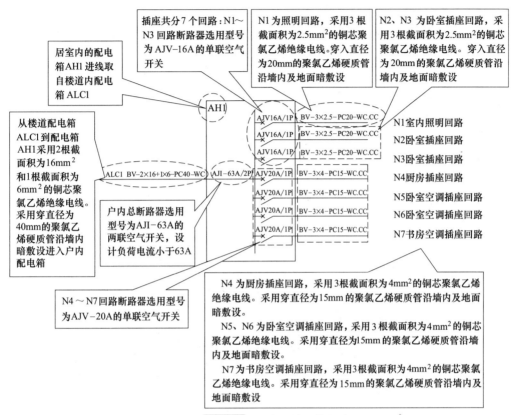

图 1-86　配电系统图的识读

1.3.2　照明电气图识读

（1）灯具及开关电气的符号含义　在看照明灯具布置图前，首先要了解照明灯具及开关的图形符号和文字符号，如表 1-10 所示。

表 1-10　常用照明灯具的图形符号

图形符号	名称和说明	图形符号	名称和说明
⊗	灯或信号灯的一般符号	◒	壁灯
⊗	投光灯的一般符号	⊗	花灯
⊗⇉	聚光灯	—◯	弯灯
⊛	防水防尘灯	▬	安全灯
●	球形灯	◯	隔爆灯
◖	吸顶灯	▣	自带电源的事故照明灯

续表

图形符号	名称和说明	图形符号	名称和说明
	泛光灯		气体放电灯的辅助设备（仅用于与光源不在一起的）
	荧光灯的一般符号 三管荧光灯		矿山灯
			普通型吊灯

灯具种类繁多，为了能在图纸上说明具体的情况，通常情况下都要在灯具图形符号旁用文字符号加以标注。灯具的标注格式如下。

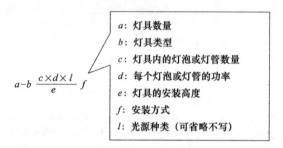

$$a\!-\!b\ \frac{c\times d\times l}{e}\ f$$

a：灯具数量
b：灯具类型
c：灯具内的灯泡或灯管数量
d：每个灯泡或灯管的功率
e：灯具的安装高度
f：安装方式
l：光源种类（可省略不写）

常用照明开关的图形符号如表 1-11 所示。

表 1-11　常用照明开关的图形符号

图形符号	名称和说明	图形符号	名称和说明
	开关一般符号		单极拉线开关
	单极开关 分别表示明装、暗装、密闭（防水）、防爆		单极双控拉线开关
	双极开关 分别表示明装、暗装、密闭（防水）、防爆		双控开关 单极三线
			带指示灯开关
	三极开关 分别表示明装、暗装、密闭（防水）、防爆		多拉开关 例如用于不同照度控制
			定时开关

常用灯具类型及其代号如表 1-12 所示。

在建筑电气工程图中，照明灯具安装方式标注的代号及意义如表 1-13 所示。

表 1-12 常用灯具类型及其代号

灯具类型	代号	灯具类型	代号
花灯	H	防水防尘灯	F
吸顶灯	D	搪瓷伞罩灯	S
壁灯	B	隔爆灯	G
普通吊灯	P	柱灯	Z
荧光灯	Y	投光灯	T

表 1-13 照明灯具安装方式标注字母

照明灯具安装方式	标注字母	照明灯具安装方式	标注字母
自在器线吊式	CP	顶棚式安装(嵌入可进入的顶棚)	CR
固定线吊式	CP1	墙壁内安装	WR
防水线吊式	CP2	台上安装	T
吊线器式	CP3	支架上安装	SP
链吊式	Ch	壁装式	W
管吊式	P	柱上安装	CL
吸顶或直附式	S	座装	HM
嵌入式(嵌入不可进入的顶棚)	R	—	—

（2）照明灯具布置图识读方法　照明灯具布置图主要表达灯具的种类、安装位置、功率及控制方式，开关的种类、安装位置，灯具的进行形式等，如图 1-87 所示。

1.3.3　插座布置图识读

插座的图形符号如表 1-14 所示。

表 1-14 插座的图形符号

图形符号	名称和说明	图形符号	名称和说明
	插座或插孔的一般符号,表示一个极	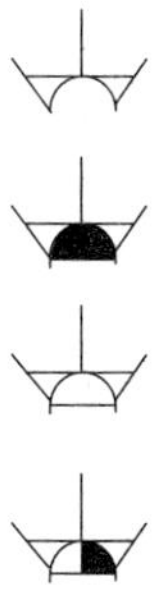	三相四孔插座 分别表示明装、暗装、密闭(防水)、防爆
	单相插座 分别表示明装、暗装、密闭(防水)、防爆		
	单相三孔插座 分别表示明装、暗装、密闭(防水)、防爆	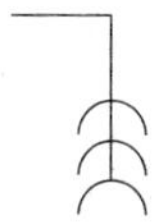	多个插座 表示 3 个插座
		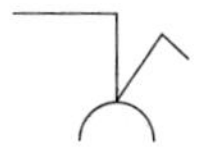	带开关插座 表示装一单极开关

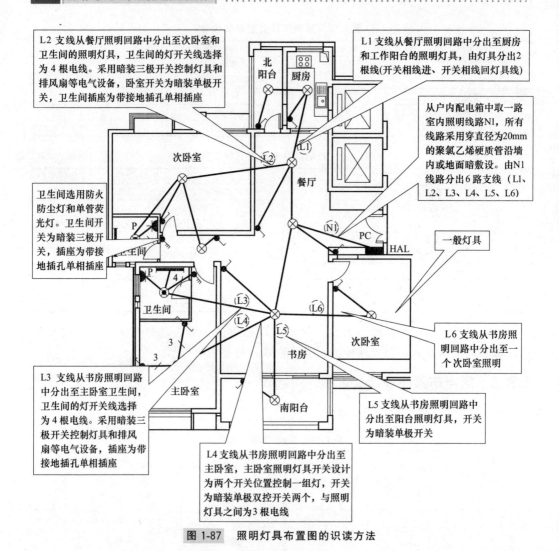

L2 支线从餐厅照明回路中分出至次卧室和卫生间的照明灯具，卫生间的灯开关线选择为 4 根电线。采用暗装三极开关控制灯具和排风扇等电气设备，卧室开关为暗装单极开关，卫生间插座为带接地插孔单相插座

L1 支线从餐厅照明回路中分出至厨房和工作阳台的照明灯具，由灯具分出 2 根线(开关相线进、开关相线回灯具线)

从户内配电箱中取一路室内照明线路 N1，所有线路采用穿直径为 20mm 的聚氯乙烯硬质管沿墙内或地面暗敷设。由 N1 线路分出 6 路支线（L1、L2、L3、L4、L5、L6）

卫生间选用防火防尘灯和单管荧光灯。卫生间开关为暗装三极开关，插座为带接地插孔单相插座

一般灯具

L6 支线从书房照明回路中分出至一个次卧室照明

L3 支线从书房照明回路中分出至主卧室卫生间，卫生间的灯开关线选择为 4 根电线。采用暗装三极开关控制灯具和排风扇等电气设备，插座为带接地插孔单相插座

L5 支线从书房照明回路中分出至阳台照明灯具，开关为暗装单极开关

L4 支线从书房照明回路中分出至主卧室，主卧室照明灯具开关设计为两个开关位置控制一组灯，开关为暗装单极双控开关两个，与照明灯具之间为 3 根电线

北阳台　厨房　次卧室　餐厅　卫生间　书房　主卧室　南阳台　次卧室

图 1-87　照明灯具布置图的识读方法

　　插座布置图主要表达强弱电插座的数量、种类；插座电线的敷设方式、路径；插座安装的位置和尺寸等，如图 1-88 所示。

1.3.4　采暖系统施工图识读

1.3.4.1　采暖施工图组成及内容

　　采暖系统的施工图包括平面图、系统（轴测）图、详图、设计施工说明、目录、图例和设备、材料明细表等。

　　（1）平面图　一层采暖平面图的识图见图 1-89。

　　① 标准层平面图：表明立管位置及立管编号，散热器的安装位置、类型、片数及安装方式。

　　② 顶层平面图：除了有与标准层平面图相同的内容外，还应当表明总立管、水平干管的位置、走向、立管编号及干管上阀门、固定支架的安装位置及型号；膨胀水

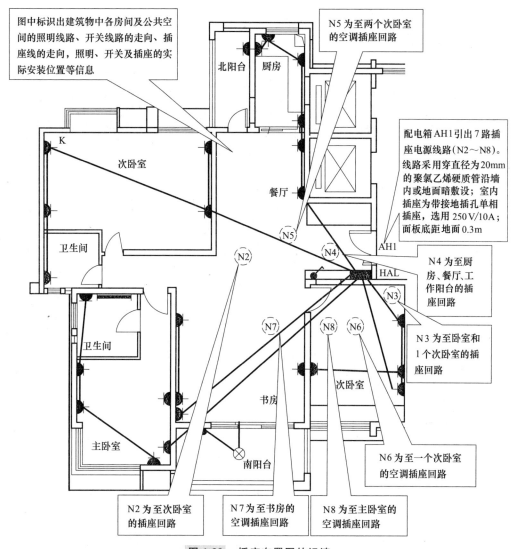

图中标识出建筑物中各房间及公共空间的照明线路、开关线路的走向、插座线的走向，照明、开关及插座的实际安装位置等信息

N5 为至两个次卧室的空调插座回路

配电箱 AH1 引出 7 路插座电源线路（N2～N8）。线路采用穿直径为 20mm 的聚氯乙烯硬质管沿墙内或地面暗敷设；室内插座为带接地插孔单相插座，选用 250V/10A；面板底距地面 0.3m

N4 为至厨房、餐厅、工作阳台的插座回路

N3 为至卧室和 1 个次卧室的插座回路

N6 为至一个次卧室的空调插座回路

N2 为至次卧室的插座回路

N7 为至书房的空调插座回路

N8 为至主卧室的空调插座回路

图 1-88　插座布置图的识读

箱、集气罐等设备的安装位置、型号及其与管道的连接情况。

③ 底层平面图：除了有标准层平面图相同的内容外，还应表明与引入口的位置，供、回管的走向、位置及采用的标准图号（或详图号），回水干管的位置，室内管沟（包括过门地沟）的位置及主要尺寸，活动盖板和管道支架的设置位置。

（2）系统图　又称为轴测图，标有立管编号、管道标高、各管段管径、水平干管的坡度、散热器的片数（长度）及集气罐、膨胀水箱、阀件的位置、型号规格等。采暖系统图的识读见图 1-90。

（3）详图　表示采暖系统节点与设备的详细构造及安装尺寸要求。平面图和系统图中表示不清，又无法用文字说明的地方，如引入口装置、膨胀水箱的构造、管及管沟断面、保温结构等可用详图表示。

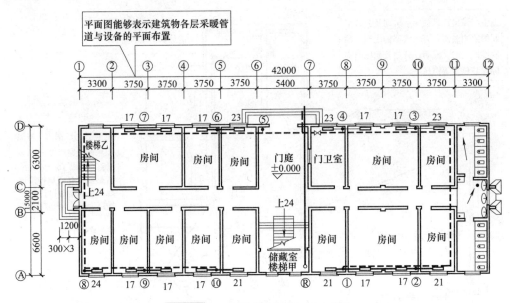

图 1-89　一层采暖平面图（1∶100）

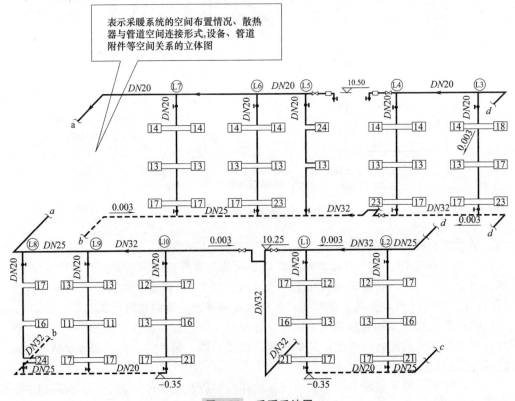

图 1-90　采暖系统图

（4）设计施工说明　说明设计图纸无法表示的问题，比如热源情况、采暖设计热负荷、设计意图及系统型式、进出口压力差，散热器的种类、型式及安装要求，管道的敷设方式、防腐保温、水压试验要求，施工中需要参照的有关专业施工图号或采用的标准图号等。

1.3.4.2　室内采暖系统施工图识读

识读施工图时，应将平面图、系统图对照起来。首先看标题栏，了解该工程的名称、图号、比例等，并通过指北针确定建筑物的朝向、建筑层数、楼梯、分间及出入口等情况。

（1）查明入口的位置、管道的走向及连接。

（2）了解管道的坡向、坡度，水平管道与设备的标高，以及立管的位置、编号等。

（3）查看散热设备的类型、规格、数量、安装方式及要求等。

（4）看清图纸上的图档和数据。节点符号、详图等要由大到小、由粗到细认真识读。

2

室内给排水及采暖工程施工

2.1 室内给水系统施工

2.1.1 室内给水管的选择与要求

2.1.1.1 室内饮用水管的选择

为了保证室内给水管的施工质量，首先水管要符合各种性能要求。管材产品质量的好坏，直接影响着管网安全供水和饮用水的质量，它是保证施工质量的前提条件。作为饮用水管，要求其安全、卫生、节能、经济、方便。

（1）安全 饮用水管应当有足够的强度和优异的力学性能以及抗老化、耐热等性能。管材应当能经受得起振动冲击、水锤和热胀冷缩等，并且能经受时间考验，不会漏水、不爆裂。

（2）卫生 管道及配件应当对人体无任何损害。

（3）节能 管道内壁光滑，对流体阻力小，保温性能好，且原材料无害、环保。

（4）经济 饮用水材料价格适当，在满足使用安全、卫生的前提下，费用最少。在比较管材价格时同时，还要比较管件的价格以及施工费用，如家装用铝塑管的管材不太贵，但它的铜配件比每米管材要贵很多。

（5）方便 是指管道连接、施工方便、可靠。

室内常用饮用水管的性能对比见表 2-1。

表 2-1 室内常用饮用水管的性能对比

类型	镀锌管	铜管	PVC-U 管	铝塑管	PPR 管	PEX（交联聚乙烯）管
图示						
耐温性	差	差	佳	佳	佳	佳
卫生性	佳	佳	差	佳	佳	佳

续表

类型	镀锌管	铜管	PVC-U 管	铝塑管	PPR 管	PEX(交联聚乙烯)管
结垢	有	有	无	无	无	无
耐腐蚀性	差	差	差	佳	佳	佳
使用年限	5～10 年	80 年	5～10 年	50 年	50 年	50 年
安装	难	难	一般	容易	容易	容易
价格	较低	很高	较低	高	一般	一般
可靠性	差	差	一般	一般	一般	佳
节能性	差	差	一般	佳	佳	佳

2.1.1.2 室内饮用水管的要求

（1）饮用水管必须符合饮用水管的选择标准。

（2）饮用水管不得与非饮用水管道连接，保证饮用水不被污染。

（3）安装时，避免冷热水管的交叉敷设。如遇到必要交叉时，需用绕曲管连接。

（4）热熔时间不宜过长．以免管材内壁变形。连接时，要看清楚弯头内连接处的间距，如果过于深入，则会导致管内壁厚变小而影响水的流量。

（5）各类阀门安装，应当位置正确且平整，安装完毕后，应用管卡固定住。

（6）管卡的位置及管道坡度应符合规范要求。

（7）饮用水管安装后一定要进行增压测试。增压测试一般是在 1.5 倍水压的情况下进行，在测试中应没有漏水现象。

（8）安装好的饮用水管的走向和具体位置都要画在图纸上，注明间距和尺寸，方便后期检修。

2.1.1.3 室内用 PPR 水管的要求

目前，家装大多用 PPR 水管作饮用水管道，它的安装有一些独特的要求，如图 2-1 所示。

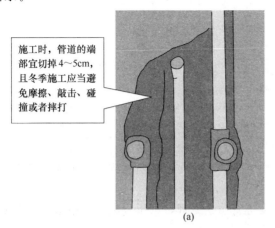

施工时，管道的端部宜切掉 4～5cm，且冬季施工应当避免摩擦、敲击、碰撞或者摔打

(a)

图 2-1

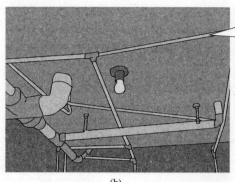

PPR管道敷设最好走顶部，便于后期检修；管道、管件最好采用统一品牌产品，使用带金属的螺纹管件时，必须用足生料带，避免漏水

(b)

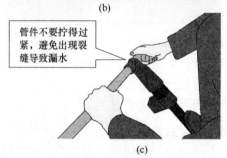

管件不要拧得过紧，避免出现裂缝导致漏水

(c)

图 2-1　PPR 管安装要求

2.1.2　画线与开槽

2.1.2.1　画线

画线（弹线）主要是为了确定线路的敷设、转弯方向等，就是对照水路布置图在墙面、地面上画出准确的位置和尺寸的控制线。常用的画线工具主要包括墨斗、圈尺、黑色铅笔、彩色粉笔、红外光水平仪，可以用尺画线，也可以弹线。进行画线时，主要是标出冷、热水管的分布以及各空间中进水、排水口的位置。画线（弹线）的宽度要大于管路中配件的宽度。画线步骤如图 2-2 所示。

2.1.2.2　开槽

（1）管道暗敷时，槽深度与宽度应当不小于管材直径加 20mm，如果为两根管道，管槽的宽度要相应增加，一般单槽为 4cm，双槽为 10cm，深度为 3～4cm。

（2）水管开槽的主要原则是"走顶不走地、走竖不走横"，开槽尽量走顶、走竖。

（3）水路走线开槽应当保证暗埋的水管在墙和地面内，不应当外露。如果钢筋较多，注意不要切断房屋结构的钢筋，可以开浅槽，在贴砖时加厚水泥层。

（4）严禁在室内保温墙面横向开槽，严禁在预埋地热管线区域内开槽。房屋顶面预制板开槽深度严禁超过 15mm。

（5）对于槽内裸露的钢筋，要进行防锈处理，试压合格后，用水泥砂浆填平。

开槽步骤见图 2-3。

有热水的管槽，开槽时应注意宽度，否则可能会出现水循环到菜盆、面盆、淋浴

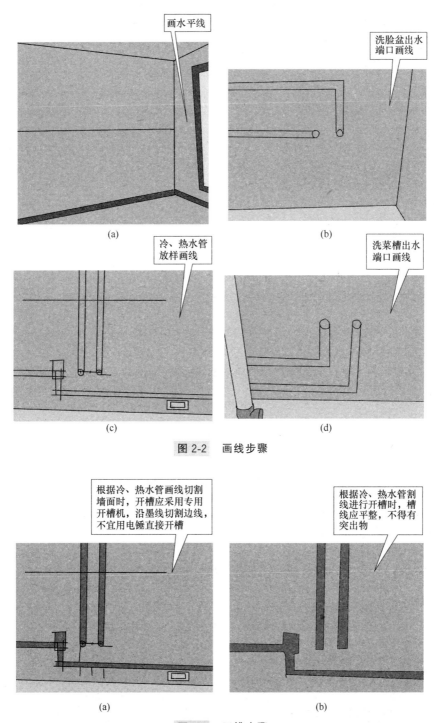

图 2-2　画线步骤

图 2-3　开槽步骤

器后有水不热的现象。大多是因为在安装水管过程中槽开得太窄，或冷、热水管挤得过紧造成的。

管线尽可能与墙、梁、柱平行，呈直线走向，力求管路简短

图 2-4　给水管敷设要求

2.1.3　给水管敷设

给水管敷设要求见图 2-4。

暗装水管排列通常可以分为吊顶排列、墙槽排列、地面排列 3 种方式，根据具体的需求来选择安装方式。给水管道的敷设步骤见图 2-5。

2.1.4　管路封槽

2.1.4.1　封槽的作用

在铺设完水管后，应当用 1：2 的水泥将水管固定，这一环节就是"封槽"，其目的主要是将管线与后期铺地板或铺砖所用的干砂隔开，防止水管的热胀冷缩造成瓷砖空鼓。

2.1.4.2　封槽的注意事项

封槽时，应注意图 2-6 所示事项。

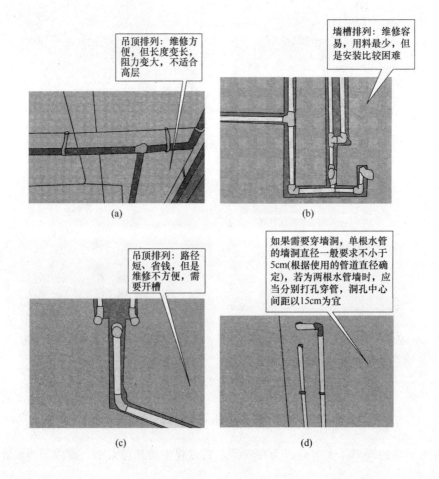

吊顶排列：维修方便，但长度变长，阻力变大，不适合高层

(a)

墙槽排列：维修容易，用料最少，但是安装比较困难

(b)

吊顶排列：路径短、省钱，但是维修不方便，需要开槽

(c)

如果需要穿墙洞，单根水管的墙洞直径一般要求不小于 5cm(根据使用的管道直径确定)，若为两根水管墙时，应当分别打孔穿管，洞孔中心间距以15cm为宜

(d)

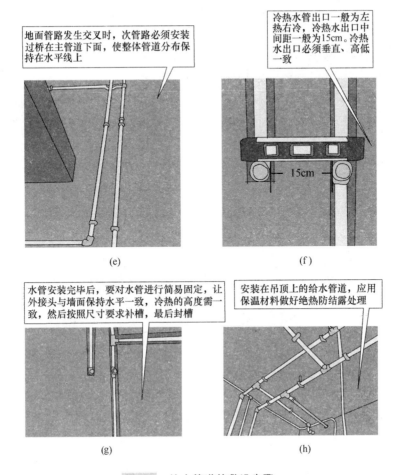

图 2-5 给水管道的敷设步骤

经验指导

关于封槽用石膏还是用水泥，可能很多水工电并不清楚。使用石膏时，石膏不能太厚，厚了容易开裂。而水泥的特性则是不能太薄，太薄也会空鼓、开裂。

大多数水管管槽的深度为 30mm，因此用水泥最为合适。由于厨、卫后期要贴砖，因此一定要用水泥封槽，石膏与水泥混合属于杂质，会影响后期粘砖的牢固度。而卧室等空间的浅槽，则可以使用石膏来封，不易开裂。

2.1.5 水管安装

安装前，必须检查水管及连接配件是否有破损、砂眼、裂纹等，管道进场时都必须检查是否畅通，同时做相应的保护措施，防止沙石进入管内。

2.1.5.1 PPR 水管管道热熔连接

PPR 管的热熔连接工具为热熔器，如图 2-7 所示。热熔连接施工见图 2-8。PPR 管不同型号的加工时间见表 2-2。

名优　　产品
白色硅酸盐水泥

白度：≥80%
标号：425#
净重：kg-1kg

生产许可证号：xk23-101-3099
包装日期：　年 月 日

水泥超过出厂期三个月不能用；不同品种、标号的水泥不能混用；黄砂要用河砂、中粗砂

(a)

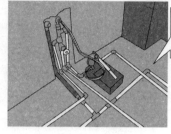

水管线进行打压测试没有任何渗漏后，才能够进行封槽

(b)

水管封槽前，检查所有的管道，对于有松动的地方，应及时进行加固

(c)

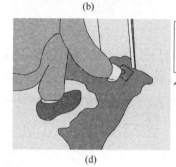

被封闭的管槽，所抹批的水泥砂浆应与整体墙面保持平整

(d)

图 2-6　封槽

机身

模具

支架

接通电源后热熔器有红绿指示灯，红灯代表加温，绿灯代表恒温，第一次达绿灯时不可使用，必须第二次达绿灯时方可使用

(a)

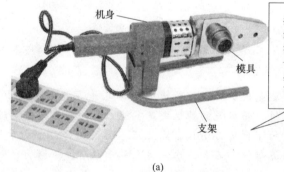

普通模具头

不粘模具头

(b)

(c)

图 2-7　热熔器及模具头

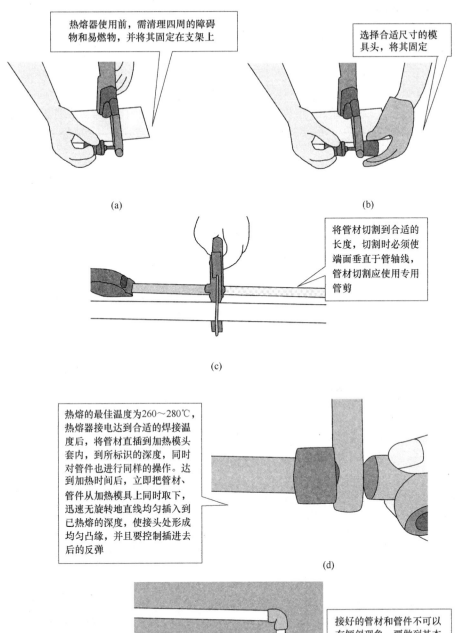

热熔器使用前，需清理四周的障碍物和易燃物，并将其固定在支架上

(a)

选择合适尺寸的模具头，将其固定

(b)

将管材切割到合适的长度，切割时必须使端面垂直于管轴线，管材切割应使用专用管剪

(c)

热熔的最佳温度为260～280℃，热熔器接电达到合适的焊接温度后，将管材直插到加热模头套内，到所标识的深度，同时对管件也进行同样的操作。达到加热时间后，立即把管材、管件从加热模具上同时取下，迅速无旋转地直线均匀插入到已热熔的深度，使接头处形成均匀凸缘，并且要控制插进去后的反弹

(d)

接好的管材和管件不可以有倾斜现象，要做到基本横平竖直，避免在安装水龙头时角度不对，以免影响正常安装。在规定的冷却时间内，严禁让刚加工好的接头处承受外力

(e)

图 2-8　热熔连接施工

表 2-2 PPR 管不同型号的加工时间

型号	热熔深度/mm	加热时间/s	加工时间/s	冷却时间/min
20 管	14	5	4	3
25 管	15	7	4	3
32 管	16.5	8	4	4
40 管	18	12	6	4.5
50 管	20	18	6	5
63 管	24	24	7	6

2.1.5.2 水管安装

在安装前，要将管内先清理干净，安装时注意接口质量，同时找准各弯头、管件的位置及朝向，确保安装后连接用水设备位置正确。水管安装施工见图 2-9。

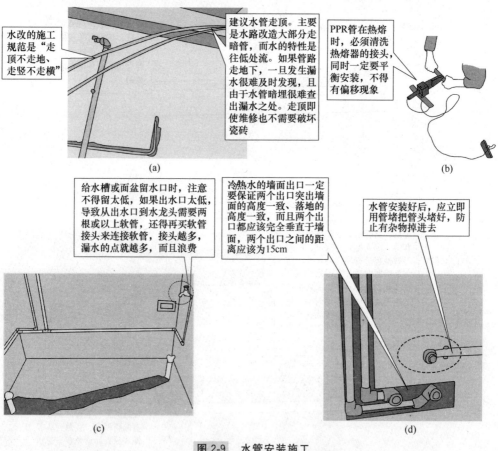

水改的施工规范是"走顶不走地、走竖不走横"

建议水管走顶。主要是水路改造大部分走暗管，而水的特性是往低处流。如果管路走地下，一旦发生漏水很难及时发现，且由于水管暗埋很难查出漏水之处。走顶即使维修也不需要破坏瓷砖

PPR管在热熔时，必须清洗热熔器的接头，同时一定要平衡安装，不得有偏移现象

(a)　　　　　　　　　(b)

给水槽或面盆留水口时，注意不得留太低，如果出水口太低，导致从出水口到水龙头需要两根或以上软管，还得再买软管接头来连接软管，接头越多，漏水的点就越多，而且浪费

冷热水的墙面出口一定要保证两个出口突出墙面的高度一致、落地的高度一致，而且两个出口都应该完全垂直于墙面，两个出口之间的距离应该为15cm

水管安装好后，应立即用管堵把管头堵好，防止有杂物掉进去

(c)　　　　　　　　　(d)

图 2-9　水管安装施工

2.1.5.3 阀门安装

（1）阀门的安装（图 1-10）　阀门安装前，应按设计文件核对其型号，并且按照流向确定安装方向，仔细阅读说明书。当阀门与管道以法兰或螺纹方式连接时，阀门应当在关闭状态下安装；如以焊接方式安装时，阀门则不能关闭。

气动驱动的或者有齿轮箱的球阀，应当安装在水平管道上，直立安装时，驱动装

置应当处于管道上方。采用法兰安装方式时，大门与管线的法兰之间应当加密封圈。法兰上的螺栓应当对扣后逐渐拧紧。淋浴上的混水阀安装见图2-11。

用手柄拧动的阀门可以安装在管道中的任何位置

淋浴上的混水阀需要同时连接上冷水管和热水管

图2-10 阀门的安装   图2-11   淋浴上的混水阀安装

（2）阀门的检查

① 用手拧动的阀门旋转数次，应当灵活无停滞现象，说明使用正常。

② 驱动式球阀应当操作驱动装置开关阀门数次，灵活无停滞，说明使用正常。

③ 检查球阀与管道之间的法兰连接，查看密封性能是否达到要求。

2.1.5.4 水表安装

水表的安装（图2-12）应该符合其工作方式要求，应当在安装方位、度盘朝向和上下游直管段方面做到符合水表的使用要求。

（1）安装水表前，应当保证管道内部干净无杂物，防止流入水表使其损伤。安装水表的管道应当保证充满水，不会使气泡集中在表内，避免安装在管道的最高点。注意，水表的进水口和出水口的连接管道不能缩小管径。

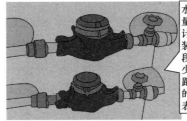

水表是水用量的计量工具，为了保证计量的准确性，安装时水表进水口前段的管道长度应至少是5倍表径以上距离，出水口管道的长度至少是2倍表径以上的距离

图2-12   水表安装

（2）水表前，应当安装一个阀门，以便维修的时候截断水路。水表水流方向要和管道水流方向一致，水表口径的选择要根据额定流量来选择。

（3）水表上的法兰密封圈不能突出伸入管道内或错位安装。

（4）水表安装后，应当缓慢放水充满管道，防止高速气流冲坏水表。小口径旋翼式水表必须水平安装，前后或左右倾斜都会导致灵敏度降低。

月流量对应的口径尺寸见表2-3。

表2-3   月流量对应的口径尺寸

类型	水表口径/mm	月流量/m³
旋翼式	DN15	1～300
	DN20	150～450
	DN25	200～600
	DN40	500～1800
	DN50	900～2700
螺翼式	DN80	3000～12000

2.1.6 打压试水

水管安装完成后，接下来最重要的一步就是打压试水，打压时一般打 0.8MPa（通俗说法为 8 千克）的压力，稳压后，维持 30min 左右，如果没有出现漏水，则表示水改成功完成，如图 2-13 所示。

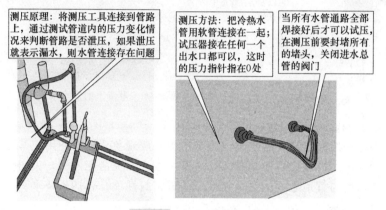

测压原理：将测压工具连接到管路上，通过测试管道内的压力变化情况来判断管路是否泄压，如果泄压就表示漏水，则水管连接存在问题

测压方法：把冷热水管用软管连接在一起；试压器接在任何一个出水口都可以，这时的压力指针指在0处

当所有水管通路全部焊接好后才可以试压，在测压前要封堵所有的堵头，关闭进水总管的阀门

图 2-13　打压试水施工

在试压时，要逐个检查接头、内丝接头、堵头，这些都不能有渗水。摇动千斤顶的压杆直到压力表的指针指向 0.9～1.0，即表示现在的压力是正常水压的 3 倍。保持这个压力值一定时间。不同是水管测压时间不一样，PPR、铝塑 PPR、钢塑 PPR 等焊接管的测压时间是 30min（只能超出不得低于）。铝塑管（铜接头的那种）的测压时间是 4h。镀锌管的测压时间也是 4h。

试压器在规定的时间内表针没有丝毫的下降或下降幅度小于 0.1 就说明水管管路是好的，同时说明试压器也处于正常工作状态。此外，切记每个堵头和龙头等接口处不能有漏水现象。

2.2　室内排水系统施工

2.2.1　家装排水管道的要求

（1）家用排水管应当采用 PVC-U 排水管材和连接件（图 2-14）。选择管壁上印有生产厂家名称、品牌、规格型号的合格产品。

（2）要求水管内外壁光滑、平整，无气泡、裂口和明显的痕纹、凹陷、色泽不均及分解变色线。

（3）盘水管一般应当在地板下埋设或在地面上楼板下明设。

（4）如果住房或工艺有需求，可在管槽、管道井、管沟或吊顶内暗设。

（5）如果管道很长（连接厨房和卫生间，或通向阳台等），中间不要有接头，并且要适当放大管径，避免堵塞。

（6）在安装排水管的位置时，应当注意上方施工完成后不能有重物。

图 2-14 PVC-U 排水管材和连接件

（7）排水管立管应设在污水和杂质最多的排水点处。

（8）卫生器具排水管与横向排水管支管连接时，可以采用 90°斜三通。

（9）排水管应避免轴线偏置，如果条件不允许，可以采用乙字管或两个 45°弯头连接。

（10）排水立管与排出管端部的连接，以采用两个 45°弯头或弯曲直径不小于管径 4 倍的 90°弯头。

（11）生活污水管不宜穿过卧室、厨房等对卫生要求高的房间，不宜靠近与卧室相邻的内墙。

（12）如果卫生器具的构造内已有存水弯，不应在排水口以下设存水弯。

（13）洗衣机的摆放位置确定后，排水口可以考虑设计到墙内。

（14）坐便器下水通常分为前下水和后下水两种，安装坐便器下水时，要清楚其下水方式。

（15）若选择立柱盆，则立柱盆的下水管安装在立柱内。下水口应当设在立柱底部中心，或立柱背后，尽可能用立柱遮挡住。

（16）洁具下水安装的最小坡度值应符合"卫生洁具排水最小坡度规定值"（表 2-4）。

（17）管道安装好以后应通水检查，用目测和手感的方法检查有无渗漏，查看所有龙头、阀门是否安装平整，开启是否灵活，出水是否畅通，有无渗漏现象，查看水表是否运转正常。没有任何问题后才可以将管道封闭。PVC-U 排水管安装见图 2-15。

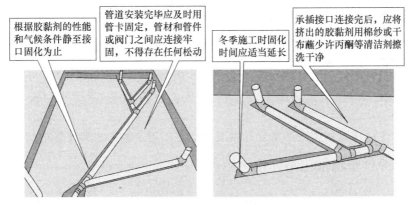

根据胶黏剂的性能和气候条件静至接口固化为止

管道安装完毕应及时用管卡固定，管材和管件或阀门之间连接牢固，不得存在任何松动

冬季施工时固化时间应适当延长

承插接口连接完后，应将挤出的胶黏剂用棉纱或干布蘸少许丙酮等清洁剂擦洗干净

图 2-15 PVC-U 排水管安装

表 2-4　卫生器具排水水量、当量、排水管管径及最小坡度规定值

名　　称	排水流量/(L/s)	当量	排水管	
			管径/mm	最小坡度
污水盆	0.33	1.0	50	0.025
单格洗涤盆	0.67	2.0	50	0.025
双格洗涤盆	1.0	3.0	50	0.25
洗手盆、洗脸盆(无塞)	0.10	0.3	32～50	0.020
洗脸盆(有塞)	0.25	0.75	32～50	0.020
浴盆	1.0	3.0	50	0.020
淋浴器	0.15	0.45	50	0.020
大便器高水箱	1.5	4.5	100	0.012
大便器低水箱冲落式	1.5	4.5	100	0.012
大便器低水箱虹吸式	2.0	6.0	100	0.012
大便器自闭式冲洗阀	1.5	4.5	100	0.012
小便器手动式冲洗阀	0.05	0.15	40～50	0.02
小便器自闭式冲洗阀	0.10	0.30	40～50	0.02
小便器自动冲洗水箱	0.17	0.50	40～50	0.02
饮水器	0.05	0.15	25～50	0.01～0.02
家用洗衣机	0.05	1.50	50	—

2.2.2　排水管敷设

（1）所有通水的空间均需安装下水管与地漏，PVC-U 下水管连接时需用专用胶水涂均匀后套牢。

（2）排水管道需要水平落差到原毛坯房预埋的主下水管。

（3）如果原有主下水管不理想，可以重新开洞铺设下水管，之后要求用带防火胶的砂浆封好管周。封好后用水泥砂浆堆一个高 10mm 的圆圈，凝固 3 天后放满水，一天后查看四周有无渗透现象，如果没有，则说明安装成功。

（4）如果需要锯管，长度需实测，并将各连接件的尺寸考虑进去，工具宜选用细齿锯、割刀和割管机等工具。断口应当平整，断面处不得有任何变形。插口部分可以用中号板锉锉成 15°～30°的坡口。坡口长度一般不小于 3mm，坡口厚度宜为管壁厚度的 1/3～1/2。坡口完成后，将残屑清除干净。

（5）新改造主排水管时，坐便器的下水应直接接入主下水管，条件许可时宜设置存水弯，防止异味，如图 2-16 所示。

（6）地漏必须要放在地面的最低点。

（7）管道连接完成后，应当先固定在墙体槽中，用堵丝将预留的弯头堵塞，将水阀关闭，进行加压检测，试压压力为 0.8MPa，恒压 1h 不降低才合格，如图 2-17 所示。

（8）橱柜、洗脸盆柜内下水管尽量安装在柜门边、柜中央部位等处。

2.2.3　PVC 管材加工与连接

（1）PVC 管材的加工　PVC 管材确定了使用长度后，可以用钢锯（图 2-18）、小圆锯（图 2-19）进行切割，切割后的两段应保持平整，用蝴蝶锉将毛边去掉，并

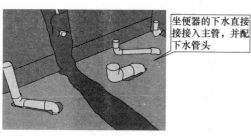

图 2-16　坐便器的下水安装

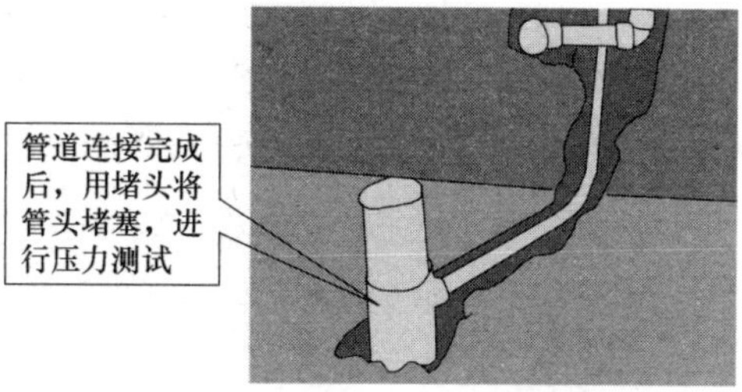

图 2-17　排水管连接完成

且倒角（倒角不宜过大）。

图 2-18　钢锯

图 2-19　小圆锯

（2）PVC 管材的连接　PVC 给水管规格在小于 110mm 的用胶粘连接，大于 110mm 的用胶圈连接（用专用橡胶圈放入扩好的 R 口内，抹上润滑剂，再将管子插口插入）；排水管则都用胶粘连接。胶粘的操作方法：将管材切割合适的长度后，将所有接口处理平齐、干净后，用 PVC 管胶水把管件的上、下口对好，在胶水没有干的时候往下按进，微调，晾干后即可使用。

2.2.4　PVC 排水管施工

PVC 排水管的施工方法如图 2-20 所示。

2.2.5　厨房水路布局与连接

2.2.5.1　厨房水路布局

（1）厨房水管敷设尽量走墙不走地，地面要做防水，因为一旦出现问题，维修起来非常麻烦。

（2）冷、热进水口水平位置的确定：应该考虑冷、热水口的连接和维修空间，一般安装在洗物柜中，但要注意洗物柜侧板和下水管的影响。

（3）冷、热进水及水表高度的确定：应该考虑冷热水口，水表连接、维修、查看的空间及洗菜盆和下水管的影响，一般安装在离地 200～400mm 的位置。

（4）下水口位置的确定：主要考虑排水的通畅，维修方便和地柜之间的影响，一般安装洗菜盆的下方。

（5）洗碗机进水、排水口位置的确定：冷、热进水口一般安装在洗物柜中，高度在墙面位置离地高 200～400mm 的位置；排水口一般安装在洗碗机机体的左右两侧地柜内，不宜安排在机体背面。

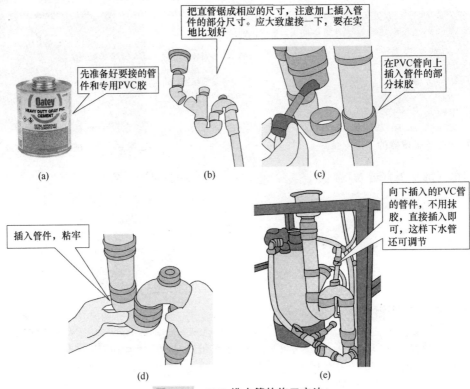

先准备好要接的管件和专用PVC胶

把直管锯成相应的尺寸，注意加上插入管件的部分尺寸。应大致虚接一下，要在实地比划好

在PVC管向上插入管件的部分抹胶

(a)　　　　(b)　　　　(c)

插入管件，粘牢

向下插入的PVC管的管件，不用抹胶，直接插入即可，这样下水管还可调节

(d)　　　　(e)

图 2-20　PVC 排水管的施工方法

2.2.5.2　厨房排水管路连接

厨房排水（图 2-21）主要有下排水和侧排水两种。

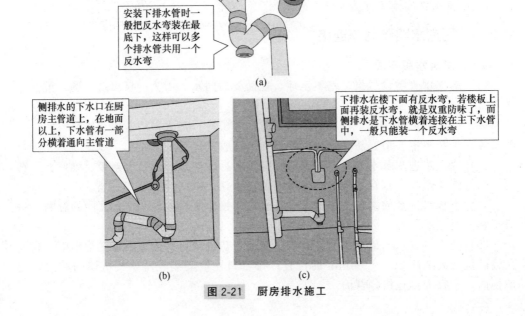

安装下排水管时一般把反水弯装在最底下，这样可以多个排水管共用一个反水弯

(a)

侧排水的下水口在厨房主管道上，在地面以上，下水管有一部分横着通向主管道

下排水在楼下面有反水弯，若楼板上面再装反水弯，就是双重防味了，而侧排水是下水管横着连接在主下水管中，一般只能装一个反水弯

(b)　　　　(c)

图 2-21　厨房排水施工

2.2.5.3 厨房多个排水连接

有时厨房需要多个排水，如图 2-22 所示。

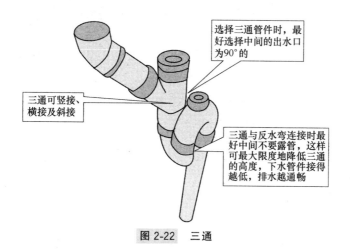

选择三通管件时，最好选择中间的出水口为90°的

三通可竖接、横接及斜接

三通与反水弯连接时最好中间不要露管，这样可最大限度地降低三通的高度，下水管件接得越低，排水越通畅

图 2-22　三通

2.2.5.4 厨房水槽安装

由于用户所选的水槽款式存在差异，因此台面留出的水槽位置应该和水槽的体积相吻合，在订购台面时应该告知台面供应商水槽的大致尺寸，以免碰到重新返工的问题。厨房水槽安装施工见图 2-23。

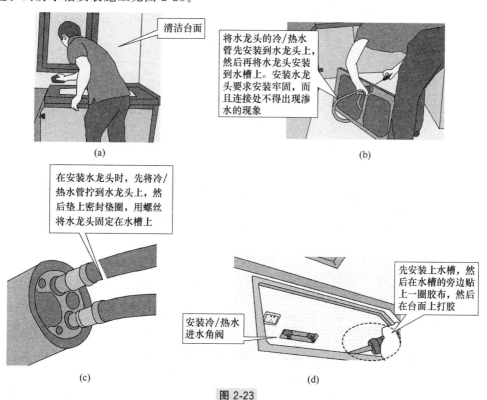

清洁台面

(a)

将水龙头的冷/热水管先安装到水龙头上，然后再将水龙头安装到水槽上。安装水龙头要求安装牢固，而且连接处不得出现渗水的现象

(b)

在安装水龙头时，先将冷/热水管拧到水龙头上，然后垫上密封垫圈，用螺丝将水龙头固定在水槽上

(c)

安装冷/热水进水角阀

先安装上水槽，然后在水槽的旁边贴上一圈胶布，然后在台面上打胶

(d)

图 2-23

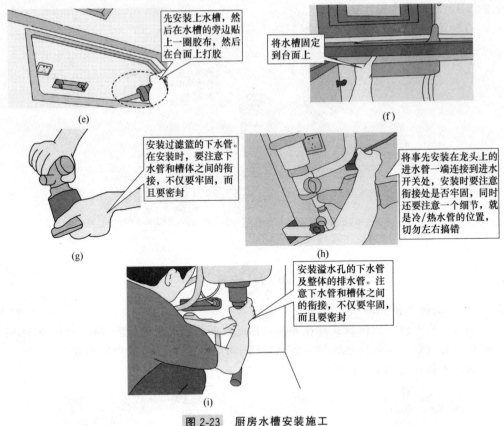

先安装上水槽，然后在水槽的旁边贴上一圈胶布，然后在台面上打胶

(e)

将水槽固定到台面上

(f)

安装过滤篮的下水管。在安装时，要注意下水管和槽体之间的衔接，不仅要牢固，而且要密封

(g)

将事先安装在龙头上的进水管一端连接到进水开关处，安装时要注意衔接处是否牢固，同时还要注意一个细节，就是冷/热水管的位置，切勿左右搞错

(h)

安装溢水孔的下水管及整体的排水管。注意下水管和槽体之间的衔接，不仅要牢固，而且要密封

(i)

图 2-23　厨房水槽安装施工

水槽安装完毕后，要做排水试验。需要将水槽放满水，同时测试两个过滤篮下水和溢水孔下水的排水情况。在排水时，如果发现有渗水的现象，应马上返工。

> **经验指导**
> 每个家庭选择的洗菜盆款式都会有一些差异，台面上所留出的洗菜盆位置应该与洗菜盆的尺寸相吻合。安装洗菜盆之前，应该把水龙头和进水管连接完毕。

2.2.6　卫生器具排水管路连接

2.2.6.1　卫生间水路布局

尽量走墙不走地

图 2-24　卫生间水路安装

（1）同厨房一样，卫生间的水管在敷设水管的时候尽量走墙不走地，以后维修不用破坏防水，更为方便、省力，如图 2-24 所示。

（2）卫生间的主要用具是洁具，特别要注意每个洁具入水口、出水口与洁具本身高度是否一致，若布局的时候不一致，则后续不能正常安装和使用。

（3）若使用浴缸，则墙面的防水层应高

出地面 250mm 以上。

（4）淋浴如果不是淋浴房，则墙面需要做防水，防水层的高度应不低于 1800mm。

（5）地面必须要做防水层，若开槽布管，则必须连墙面需要的部分一起做二次防水。

（6）洁具安装完毕后，需做闭水试验。

2.2.6.2　卫生间排水管路连接

卫生间排水管路连接如图 2-25 所示。

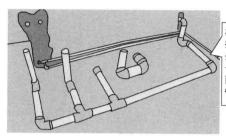

标准卫生间一般应有4个排水点，浴缸、面盆、坐便器各需一个排水孔、一个冷水进水管，浴缸、面盆还各需一个热水进水管，地面上需要一个地漏

图 2-25　卫生间排水管路连接

2.2.6.3　洗面盆安装

洗面盆理想的安装高度为 800～840mm。洗面盆安装施工见图 2-26。

2.2.6.4　坐便器安装

坐便器理想的安装高度为 360～410mm。卫生间排水管道有 S 弯管的，应尽量选用直冲式坐便器，选用虹吸式坐便器后，安装上应留排气孔，使之保持同一气压以达到虹吸效果，坐便器的安装施工见图 2-27。

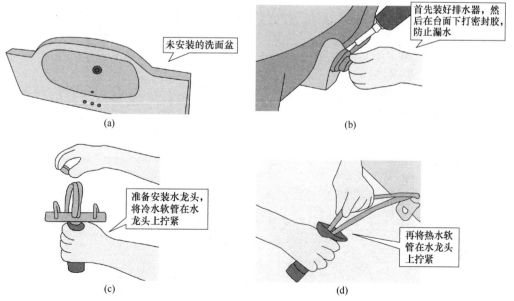

未安装的洗面盆

(a)

首先装好排水器，然后在台面下打密封胶，防止漏水

(b)

准备安装水龙头，将冷水软管在水龙头上拧紧

(c)

再将热水软管在水龙头上拧紧

(d)

图 2-26

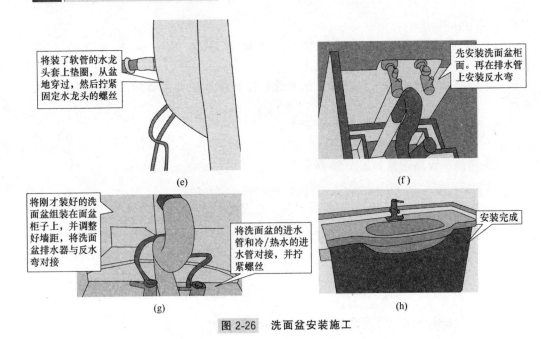

将装了软管的水龙头套上垫圈,从盆地穿过,然后拧紧固定水龙头的螺丝

(e)

先安装洗面盆柜面。再在排水管上安装反水弯

(f)

将刚才装好的洗面盆组装在面盆柜子上,并调整好墙距,将洗面盆排水器与反水弯对接

将洗面盆的进水管和冷/热水的进水管对接,并拧紧螺丝

(g)

安装完成

(h)

图 2-26　洗面盆安装施工

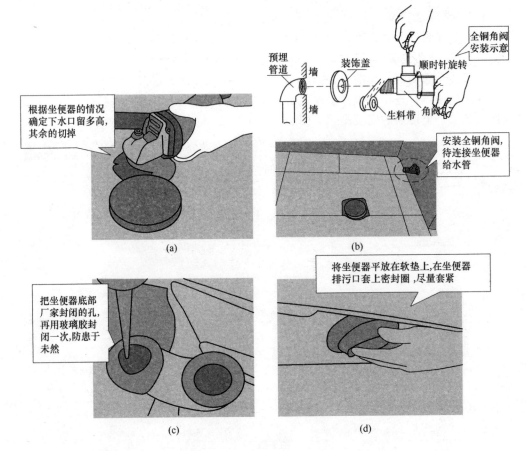

根据坐便器的情况确定下水口留多高,其余的切掉

(a)

预埋管道　墙　装饰盖

顺时针旋转

全铜角阀安装示意

生料带　角阀

安装全铜角阀,待连接坐便器给水管

(b)

把坐便器底部厂家封闭的孔,再用玻璃胶封闭一次,防患于未然

(c)

将坐便器平放在软垫上,在坐便器排污口套上密封圈,尽量套紧

(d)

图 2-27　坐便器的安装施工

经验指导

坐便器安装应注意以下事项。

（1）给水管安装角阀的高度一般为 250mm（从地面到角阀中心）。

（2）低水箱坐便器的水箱应用镀锌开脚螺栓或采用镀锌金属膨胀螺栓固定。

（3）墙体如果是多孔砖则禁止使用膨胀螺栓固定，水箱与螺母间应使用塑胶垫片，不宜使用硬质的金属垫片。

（4）连体坐便器的水箱背部离墙的距离不宜大于 20mm。

（5）安装坐便器时，底部密封可用密封胶和水泥砂浆混合物，但不能单独用水泥，会产生裂纹。

2.2.6.5　浴缸安装

浴缸安装步骤如图 2-28 所示。

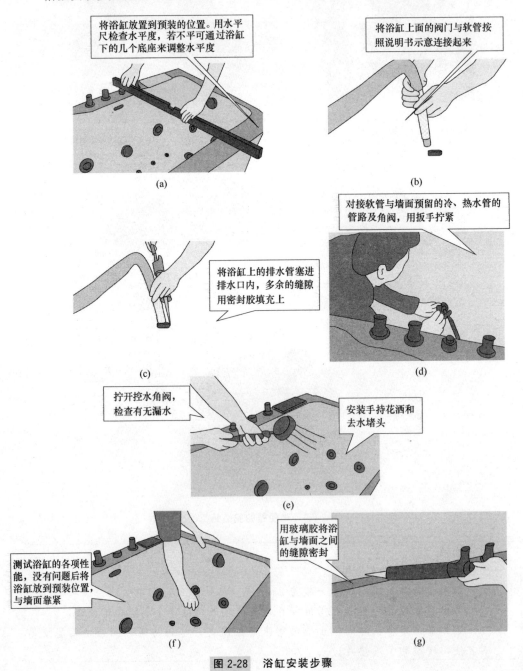

将浴缸放置到预装的位置。用水平尺检查水平度，若不平可通过浴缸下的几个底座来调整水平度

将浴缸上面的阀门与软管按照说明书示意连接起来

(a)

(b)

将浴缸上的排水管塞进排水口内，多余的缝隙用密封胶填充上

对接软管与墙面预留的冷、热水管的管路及角阀，用扳手拧紧

(c)

(d)

拧开控水角阀，检查有无漏水

安装手持花洒和去水堵头

(e)

测试浴缸的各项性能，没有问题后将浴缸放到预装位置，与墙面靠紧

用玻璃胶将浴缸与墙面之间的缝隙密封

(f)

(g)

图 2-28　浴缸安装步骤

经验指导

（1）在安装带有裙板的浴缸时，裙板底部应当紧贴地面，楼板在排水处应当预留 250～300mm 的孔洞，便于排水安装。

（2）内嵌式的无裙浴缸，在安装时根据有关规定确定浴缸上平面高度，再将底部填装基座材质，如水泥河砂等。

（3）无论何种类型的浴缸，在安装时，上平面必须用水平尺找平不得倾斜。

（4）各种浴盆的龙头应当至少高出浴缸上平面 150mm。

（5）在安装龙头时，需要注意不要破坏表面的金属层。

2.2.6.6　热水器安装

热水器的安装如图 2-29 所示。

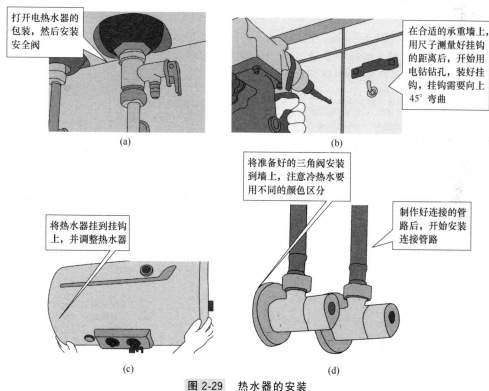

图 2-29　热水器的安装

2.2.6.7　地漏安装

地漏是连接排水管道系统与室内地面的重要接口，作为住宅中排水系统的重要部件，它的性能好坏直接影响室内空气的质量，对卫浴间的异味控制非常重要。

（1）地漏的选择

① 看材质。目前市场上的地漏按材质分，主要有铸铁、PVC、锌合金、陶瓷、铸铝、不锈钢、黄铜、铜合金等材质。其中，不锈钢与铜合金地漏价格适中、美观、耐用；黄铜地漏各方面性能最为优秀。

② 看下水速度。选购洗衣机专用地漏时，应注意地漏的排水速度，因为洗衣机

的瞬间排水量是非常大的，如果地漏排水速度达不到要求，就会发生溢水，因此洗衣机专用地漏应当尽量选用直排水的。

③ 看下水流向。地漏的水流向主要有 N 形、L 形、倒 S 形、侧排形等，其中 N 形排水是最好的排水方式。

④ 看防臭效果。防臭是地漏最主要的功能之一，水封地漏的历史最悠久，其缺点就是必须要在有水的时候有效果且存水易滋生细菌。因此，最好是选择物理防臭和深水防臭相结合的地漏。物理防臭通过水压和永磁铁来达到开关密封垫，从而达到防臭的作用。

⑤ 防堵塞。卫生间的下水难免混着头发之类，因此还要选择具有防堵塞功能的地漏，中间的管粗，而且水流没有阻碍的地漏下水快，购买时可以酌情选择。

⑥ 看自洁能力。地漏应便于清理，最好是免清理。因为地漏排除的是地面污水，常常会卷入一些头发、污泥、沙粒等污物，容易缠挂沉淀在地漏内部，若不易清理，时间长了会堵塞管道，影响排水，内置式新型深水封地漏排水冲力较大，能够把大部分杂质冲出，若有少量残留杂质，由于地漏芯能方便取出，清洗也很方便。

（2）地漏安装位置与数量　见图 2-30。

淋浴地面应选择便于清洁的款式，因为头发较多。1～2个淋浴器需要1个直径为50mm的地漏，3个淋浴器需要1个直径为75mm的地漏

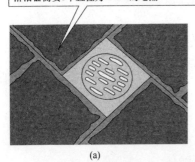

(a)

洗衣机附近地漏要关注排水速度问题，直排地漏是最佳选择

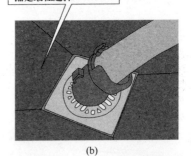

(b)

坐便器旁边的地面会比较低，容易积水，时间长了会有脏垢积存，安装一个地漏利于排水，带有滤网的地漏可以防止杂物

(c)

面盆如果没有做防臭处理会有臭味，通常会认为是其他地漏有问题。如果面盆下水为防臭下水，就可以不用地漏

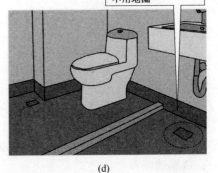

(d)

厨房排水管为反水弯式就可以不
用装地漏，若不是，建议安装

一般阳台都用来晾晒衣服，也会
有少量的积水，建议安装地漏

(e)

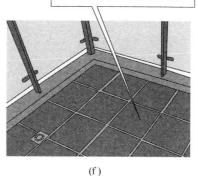

(f)

图 2-30　地漏的安装位置与数量

（3）地漏的安装步骤　见图 2-31。

安装前，要检查好排水管有无堵塞，放入地漏前都需
要对排水口进行保护，以免被异物垃圾堵塞管道，用
凿子将地漏坑四周的水泥层清理一下

清理干净水泥碎屑后，将
坑壁四周刮上水泥腻子

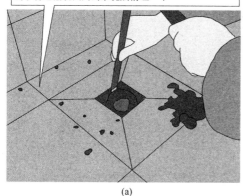

(a)

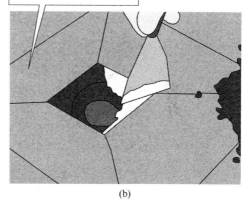

(b)

地漏反面四周也
刮上水泥腻子，
使其牢固结合

地漏中心对着排水管中心，放入坑中，
用力将它按实。注意，地漏的水平面
要略低于瓷砖面

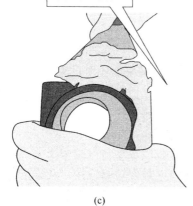

(c)

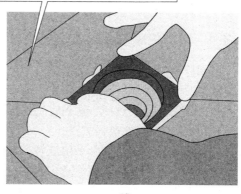

(d)

图 2-31

按牢后，用擦洗帕把多余的水泥腻子擦去，清理地面的水泥碎屑垃圾

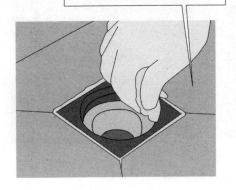

(e)

装上起到防臭作用的内芯，内芯可以随时取出清洗

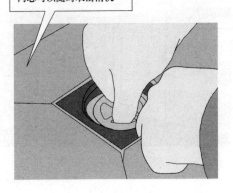

(f)

对于洗衣机地漏，还要在盖上盖子前，加装导水柱（即分水器，将管道内下来的水分散开来排除，水就不会从地漏箅子外溢到地面）

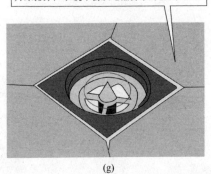

(g)

盖上盖子，即完成地漏的安装。接头是洗衣机的专用接头，洗衣机的管子直接插在里面就可以了，待24h水泥凝结后则可使用

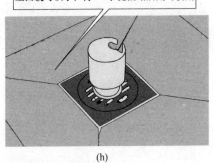

(h)

图 2-31　地漏的安装步骤

2.3　室内采暖设备安装

2.3.1　室内采暖散热器安装

采暖散热器俗称暖气，是供热系统的末端装置，也是家庭主要的采暖方式之一。人们常见的采暖散热器是安装在室内的，其承担着将热媒携带的热量传递给房间内的空气，以补偿房间的热耗，达到维持房间一定空气温度的目的。

2.3.1.1　室内采暖散热器布置

（1）采暖散热器与采暖系统立管的连接方式　采暖散热器与采暖系统立管的连接方式按照散热器上下水口的方式，可以分为上进下出，异侧对角连接；上进下出，同侧连接；底进底出三种方式，如图 2-32 所示。

（2）采暖散热器的布置要求　采暖散热器布置的基本原则是：力求使室温均匀，

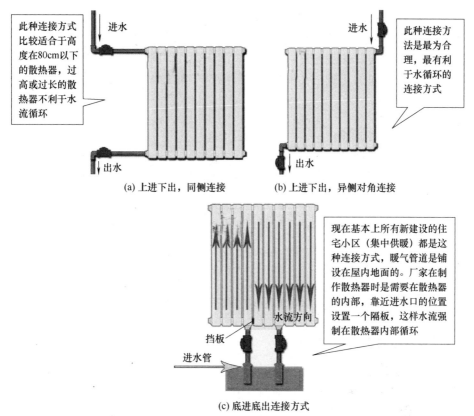

此种连接方式比较适合于高度在80cm以下的散热器，过高或过长的散热器不利于水流循环

进水

进水

此种连接方法是最为合理，最有利于水循环的连接方式

出水

出水

(a) 上进下出，同侧连接   (b) 上进下出，异侧对角连接

现在基本上所有新建设的住宅小区（集中供暖）都是这种连接方式，暖气管道是铺设在屋内地面的。厂家在制作散热器时是需要在散热器的内部，靠近进水口的位置设置一个隔板，这样水流强制在散热器内部循环

水流方向

挡板

进水管

(c) 底进底出连接方式

图 2-32   采暖散热器与采暖系统立管的连接方式

并能迅速地加热室外渗入的冷空气，少占用室内使用面积。安装在外墙的窗台下，这样上升的热空气能够直接加玻璃窗渗入的冷气流，并形成一个热风幕，能够避免窗面冷辐射对人体的影响。

为了保证采暖散热器的散热效果，安装时散热器底部距离地面高度通常采用 150mm，不得小于 60mm；散热器顶部距离窗台板距离不得小于 50mm；后侧与墙面净距离不得小于 25mm。铸铁散热器的组装片数，细柱型（四柱）不宜超过 25 片，粗柱型（二柱）不宜超过 20 片，长翼型不宜超过 7 片，如图 2-33 所示。

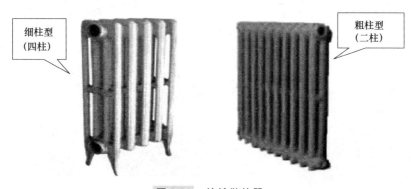

细柱型（四柱）

粗柱型（二柱）

图 2-33   铸铁散热器

2.3.1.2　室内采暖散热器安装方法

　　采暖散热器安装分为明装和暗装两种，明装采暖散热器（图2-34）安装流程较为简单，主要分为铺设管路→安装采暖散热器→安装壁挂炉→压力测试→客户验收5步，暗装的操作增加了开槽、安装集分水器等。下面主要介绍暗装采暖散热器安装方法，如图2-35所示。

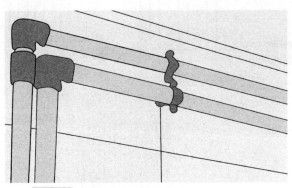

图2-34　明装采暖散热器——铺设管路示意

2.3.2　室内地暖安装

　　地暖是地板辐射采暖的简称，是将温度不高于60℃的热水或发热电缆，暗埋在地热地板下的盘管系统内加热整个地面，通过地面均匀地向室内辐射散热的一种采暖方式，如图2-36所示。地热采暖节省能源，又科学环保，是现在比较通用的室内保暖技术。

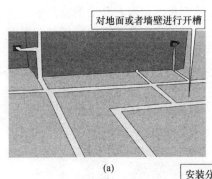

对地面或者墙壁进行开槽

(a)

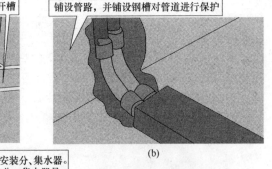

铺设管路，并铺设钢槽对管道进行保护

(b)

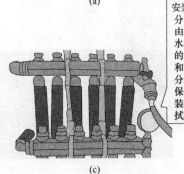

安装分、集水器。分、集水器是由分水器和集水器组合而成的水流量分配和汇集装置。分水器安装要保持水平，安装完毕后要擦拭干净

(c)

对采暖散热器系统进行压力试验，实验压力应为正常使用压力的1.5倍，且不小于整个小区管网的试验压力，3～5分钟无渗漏为合格

(d)

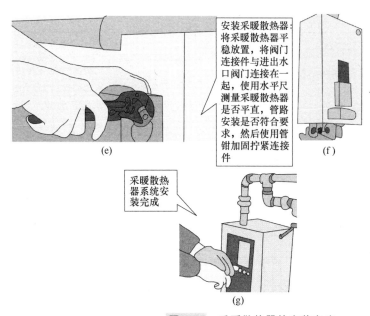

安装采暖散热器：将采暖散热器平稳放置，将阀门连接件与进出水口阀门连接在一起，使用水平尺测量采暖散热器是否平直，管路安装是否符合要求，然后使用管钳加固拧紧连接件

(e)

安装挂壁炉：壁挂炉与煤气表、煤气灶的水平距离应大于300mm，壁挂炉上方不得有电力明线与电器设备，壁挂炉与电器设备的净距离应大于300mm，壁挂炉附近不得摆放易爆物品及其他挥发性危险品。安装时将烟道向下倾斜2°或3°，以防冷凝水等进入壁挂炉内部

(f)

采暖散热器系统安装完成

(g)

图 2-35 采暖散热器的安装方法

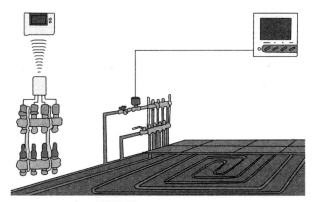

图 2-36 地暖安装示意

2.3.2.1 地暖的分类

地暖可以分为电暖和水暖两种方式。电暖分为电缆线采暖、电热膜采暖、碳晶板采暖和电散热器采暖等；水暖分为低温地板辐射采暖、散热器采暖和混合采暖等。采暖方式对比见表 2-5。

表 2-5 采暖方式对比

比较项目	电 暖	水 暖
安装	安装简便，100m² 需 4 人 2 天	湿式地暖，安装难度高，系统维护、调试成本高，100m² 需 4 人 5 天。干式地暖施工简单，100m² 2 人 1 天就可完工
采暖效果	预热时间 2～3h，均热时间 4h 左右，冷热点温差 10℃	预热时间 3h 以上，地面达到均匀至少 4h 以上，冷热点温差 10℃
层高影响	保温层 2cm＋混凝土层 5cm＝7cm	保温层 2cm＋盘管 2cm＋混凝土层 5cm＝9cm

比较项目	电　暖	水　暖
耗材	电缆线温度在65℃以上,地面混凝土厚度至少5cm,并需加装钢丝网,至少增加30元/m²的水泥成本	水管内温度55℃以上,因此地面混凝土厚度在3cm以下会开裂,必须加装钢丝网,至少增加30元/m²的水泥成本
耗能	电能耗高,经验数值为100m²的房间每月1500元以上	实际使用能耗很高,经验数值为100m²的房间每月1800元以上
寿命	地下发热电缆30～50年,10年之内电缆外护套层有老化现象,热损增高温控器3～8年	地下盘管50年,铜质分、集水器10～15年,锅炉整体寿命10～15年

2.3.2.2　地暖管路铺设形式

地暖管路的铺设有多种形式（图2-37），可根据实际情况而决定，不能千篇一律。

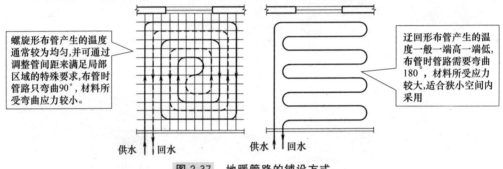

螺旋形布管产生的温度通常较为均匀,并可通过调整管间距来满足局部区域的特殊要求,布管时管路只弯曲90°,材料所受弯曲应力较小。

迂回形布管产生的温度一般一端高一端低,布管时管路需要弯曲180°,材料所受应力较大,适合狭小空间内采用

供水　回水　　供水　回水

图2-37　地暖管路的铺设方式

此外，不同的建筑有不同的户型特点，除以上两种典型布管方式外，混合形布管方式也经常被采用。

2.3.2.3　地暖安装步骤

地暖的安装步骤如图2-38所示。

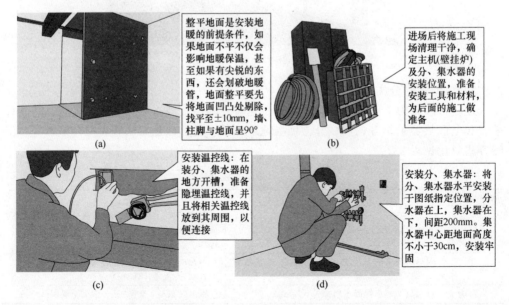

整平地面是安装地暖的前提条件,如果地面不平不仅会影响地暖保温,甚至如果有尖锐的东西,还会划破地暖管,地面整平要先将地面凹凸处剔除,找平至±10mm,墙、柱脚与地面呈90°

(a)

进场后将施工现场清理干净,确定主机(壁挂炉)及分、集水器的安装位置,准备安装工具和材料,为后面的施工做准备

(b)

安装温控线:在装分、集水器的地方开槽,准备隐埋温控线,并且将相关温控线放到其周围,以便连接

(c)

安装分、集水器:将分、集水器水平安装于图纸指定位置,分水器在上,集水器在下,间距200mm。集水器中心距地面高度不小于30cm,安装牢固

(d)

将温控线埋好，分、集水器也安装到指定位置后，则可以开始铺设地面保温层和供热管道

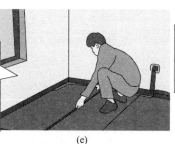

(e)

根据实际尺寸先裁切保温板，然后再进行铺设，铺设时要为管道留出空当

(f)

先铺保温板，再铺设反射膜。铺设时应紧贴住保温板，两块反射膜的边缘也需用胶带粘好

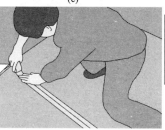

(g)

在上面铺设钢丝网，两块钢丝网的边缘要用专用的扎带连接好

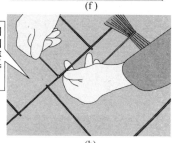

(h)

为了防止热量流失，必须要为分、集水器到安装房间的这段管道套上专用的保温套

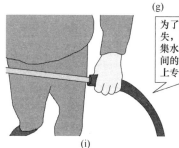

(i)

将套好保温套的管道连接到分、集水器处，并且把管道的一头连在它的温控阀门上

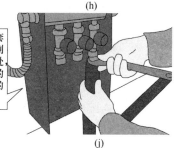

(j)

在铺管道时，管道的弯角处须用扎带小心地绑住，再用专用塑料卡将其固定，以防松动

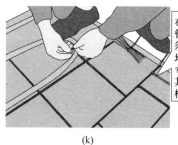

(k)

管道铺好之后，把管道的这头套上再传回分、集水器固定好，这样地暖的管道就全部铺好了

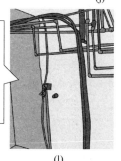

(l)

向铺好的管道内注入冷水，待管道内都注满水后，再用专用打压机打入10kg的压力

(m)

密封24h后，如果此时管道的压力不低于6kg，说明管道无泄漏，可以正常使用

(n)

图 2-38 地暖的安装步骤

3

室内配电工程安装

3.1 室内配电线路敷设与安装

3.1.1 室内配线的敷设

室内配线是指敷设在建筑物、构筑物内部的明线、暗线、电缆、电气器具连接线。安装固定导线用的支持物、专用配件、敷设导线、电缆等统称为室内配线工程。

3.1.1.1 室内配线一般规定

(1) 配线的布置、导线型号规格需要符合相关规定；低压电线、电缆，线间与线对地间的绝缘电阻值需要大于 0.5MΩ。

(2) 配线工程施工中，没有设计要求时，导线最小截面积需要满足机械强度的要求，以及根据不同敷设方式选择导线允许最小截面积；室内外绝缘导线间与对地的最小距离需要符合相关规定。各种明配线需要垂直与水平敷设，并且要求横平竖直。

(3) 在同一根管内、槽内的导线均需要具有与最高标称电压回路绝缘相同的绝缘等级。为了有良好的散热效果，管内配线其导线的总截面积（包括外绝缘层）不应超过管子内空总截面积的 40%。为了有良好的散热效果，线槽配线其导线的总截面积（包括外绝缘层）不应超过线槽内空总截面积的 60%。

(4) 入户线穿墙保护管的外侧需要有防水弯头，并且导线需要弯成滴水弧状后方可引入室内。入户线在进墙的一段需采用额定电压不低于 500V 的绝缘导线。

(5) 采用多相供电时，同一建筑物、构筑物的电线绝缘层颜色选择需要一致；保护地线 PE 线一般选择黄、绿相间颜色。零线一般选择淡蓝色。相线 L1 一般选择黄色、L2 一般选择绿色、L3 一般选择红色。

(6) 三相照明线路各相负荷需要均匀分配，一般照明每一支路的最大负荷电流、光源数、插座数需要符合有关规定。在配线工程中，所有外露可导电部分的保护接地与保护接零需要可靠。

(7) 为了减少导线接头质量不好引起的电气事故，导线敷设时尽量避免接头；护套线明敷、线槽配线、管内配线、配电屏内配线时，不应有接头，保护管的其他要求见图 3-1。

（8）导线管与热水管、蒸汽管同侧敷设时，需敷设在热水管、蒸汽管的下面。如果施工有困难或施工维修时其他管道对导线管有影响，则室内电气线路与其他管道间的最小距离需符合有关规定，如图 3-2 所示。

（9）配线工程采用的管卡、支架、吊钩、拉环、盒（箱）等黑色金属附件，均需采用镀锌与防护处理。

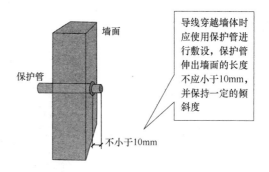

图 3-1　保护管的要求

（10）所用导线的额定电压需要大于线路的工作电压；照明、动力线路，不同电价、不同电压的线路需要分开敷设，每条线路标记需要清晰，编号需要准确。

（11）导线的绝缘需要符合线路的安装方式、敷设环境条件，管、槽配线需要采用绝缘电线、电缆。

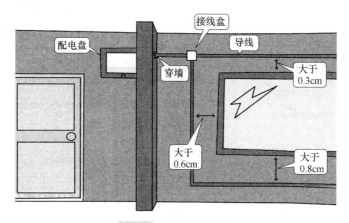

图 3-2　导线管的敷设

（12）为了防止火灾与触电等事故发生，顶棚内由接线盒引向器具的绝缘导线，需要采用可挠金属电线保护管或金属软管等保护，导线不应有裸露部分，如图 3-3 所示。

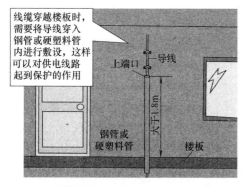

图 3-3　线缆穿楼板的要求

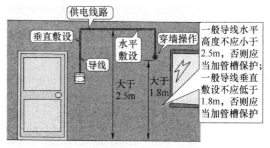

图 3-4　管道离地面的要求

（13）敷设时钢管或硬塑料管上端口距地面间的距离不应小于1.8m，钢管或硬塑料管的下端口到楼板下为止，如图3-4所示。

（14）导线管敷设的其他要求见图3-5。

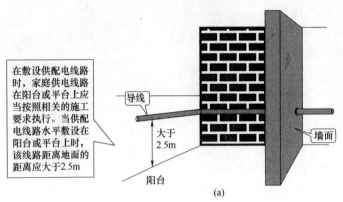

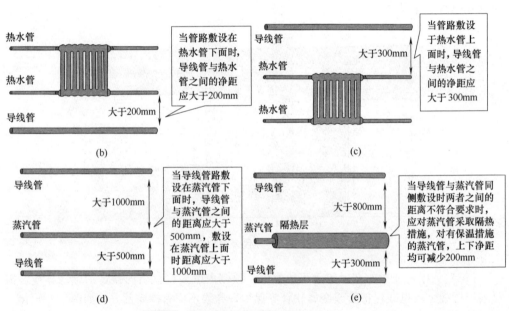

图 3-5 导线管敷设的其他要求

（15）不同敷设方式导线芯线允许最小截面积见表3-1。

表 3-1　不同敷设方式导线芯线允许最小截面积

用　　途		最小芯线截面积/mm²		
		铜芯	铝芯	铜芯软线
裸导线敷设在室内绝缘子上		2.5	4.0	—
绝缘导线敷设在绝缘子上 L 表示支点间距	室内：L≤2m	1.0	2.5	—
	室外：L≤2m	1.5	2.5	—
	室内外：2m<L≤6m	2.5	4.0	—
	室内外：6m<L≤12m	2.5	6.0	—
绝缘导线穿管敷设		1.0	2.5	1.0

续表

用　　途	最小芯线截面积/mm²		
	铜芯	铝芯	铜芯软线
绝缘导线槽板敷设	1.0	2.5	—
绝缘导线线槽敷设	0.75	2.5	—
塑料绝缘护套线明敷设	1.0	2.5	—

（16）配线工程施工之后，需要进行各回路的绝缘检查，并做好记录；带有漏电保护装置的线路需要做模拟动作试验，并做好记录。

3.1.1.2　室内配线敷设方式

根据敷设方式，室内配线可以分为明敷设、暗敷设。明敷设、暗敷设是以线路在敷设后，导线与保护线能否为人们用肉眼直接观察到而区别的。室内配线的方式需要根据建筑物性质、要求、用电设备分布、用电环境特征等因素来选择。

（1）明敷设　导线直接或在管子、线槽等保护体内，一般敷设在墙体表面、顶棚表面、桁架、支架等处，也就是线路在敷设后，导线与保护线能够为人们用肉眼直接观察到。

（2）暗敷设　导线在管子、线槽等保护体内，一般敷设在墙体内部、顶棚内部、地坪内部、楼板内部等，或者在混凝土板孔内敷设。也就是线路在敷设后，导线与保护线能够不为人们用肉眼直接观察到。

3.1.2　家装水电布线基本原则

水电布线的原则：横平竖直。使用专用 PVC 阻燃型电线管，电线管在线槽中固定，线盒与电线管相接时应使用锁母。电线直管每隔 80cm 使用一个管卡，拐角处每隔 20cm 使用一个管卡固定。严禁将电线管铺设在厨房、卫生间地面上，以防止水渗入电线管内。目前，家装水电布线主流是走地，如图 3-6 所示。

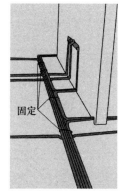

固定

图 3-6　家装水电走地布线

3.1.3　家装走线要求

走线的要求与规范如图 3-7 所示。

三线制必须用三种不同颜色的电线，如图 3-8 所示。

同一回路电线需要穿入同一根线管中，但管内总电线数量不宜超过 8 根，一般情况下 φ16 的电线管不宜超过 3 根电线，φ20 的电线管不宜超过 4 根电线。电线总截面面积（包括外皮），不应超过管内截面面积的 40%。强电与弱电不应穿入同一根管线内。电源线插座与电视线插座的水平间距应不小于 50mm。

3.1.4　家装管内穿线

在绑扎时要紧密有力，但要求体积小易穿过，宜为圆锥形，其最大部分的直径不得超过管径的 2/3，否则将给穿线带来很大困难。导线的绑扎方法见图 3-9。

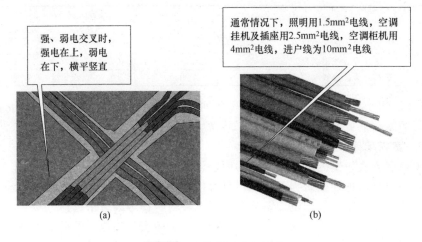

强、弱电交叉时，强电在上，弱电在下，横平竖直

通常情况下，照明用1.5mm²电线，空调挂机及插座用2.5mm²电线，空调柜机用4mm²电线，进户线为10mm²电线

(a)　　　　　　(b)

图 3-7　走线的要求与规范

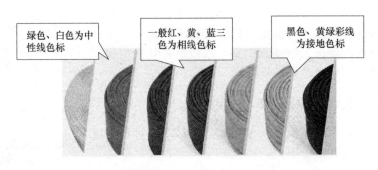

绿色、白色为中性线色标

一般红、黄、蓝三色为相线色标

黑色、黄绿彩线为接地色标

图 3-8　不同颜色的电线

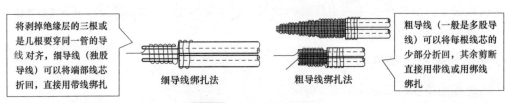

将剥掉绝缘层的三根或是几根要穿同一管的导线对齐，细导线（独股导线）可以将端部线芯折回，直接用带线绑扎

细导线绑扎法　　　　粗导线绑扎法

粗导线（一般是多股导线）可以将每根线芯的少部分折回，其余剪断直接用带线或用绑线绑扎

图 3-9　导线的绑扎方法

　　管口拉线和送线一般由两人操作完成，必要时，可以由第三人帮助将送入的导线理顺，使其不扭不折。粗导线穿线时也可由另一人帮助拉线。当双方都感到十分费力时，不得强行拉送，以免带线拉断，这时应将导线缓慢倒出来，检查导线和端头部分，将阻卡或较粗的部分修复，必要时应当重新绑扎，然后再送入管内，直至穿过。仔细观察拉出端导线有无损伤绝缘，伤及导线，有无泥水污物。严重时应将导线抽出，彻底吹除或用金属刷子扫管，排除故障后重新穿线。具体施工方法见图 3-10。

　　用兆欧表测量导线的线与线之间和导线与管（地）之间的绝缘电阻，应当大于1MΩ。低于 0.5MΩ 时应当查出原因，重新穿线。装护线套的方法见图 3-11。

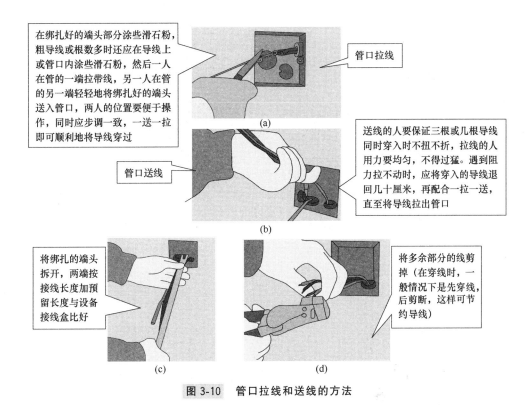

在绑扎好的端头部分涂些滑石粉，粗导线或根数多时还应在导线上或管口内涂些滑石粉，然后一人在管的一端拉带线，另一人在管的另一端轻轻地将绑扎好的端头送入管口，两人的位置要便于操作，同时应步调一致，一送一拉即可顺利地将导线穿过

管口拉线

(a)

管口送线

送线的人要保证三根或几根导线同时穿入时不扭不折，拉线的人用力要均匀，不得过猛。遇到阻力拉不动时，应将穿入的导线退回几十厘米，再配合一拉一送，直至将导线拉出管口

(b)

将绑扎的端头拆开，两端按接线长度加预留长度与设备接线盒比好

(c)

将多余部分的线剪掉（在穿线时，一般情况下是先穿线，后剪断，这样可节约导线）

(d)

图 3-10　管口拉线和送线的方法

3.1.5　室内导线常用加工方法

3.1.5.1　细导线接线头的剥离

细导线主要是指内部线芯比较细的导线，比如橡胶软线（橡胶电缆），这种导线的绝缘层由多层组成：外层的橡胶绝缘护套和芯线的绝缘层。另外，橡胶软线中的线芯外一般常还包覆一层麻线，使这种导线的抗拉性增强，大多用于电源引线。细导线接线头的剥离方法见图 3-12。

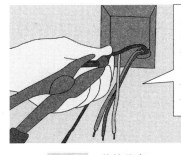

导线穿入钢管后，在导线的出口处应当装护线套保护导线；在不进入箱、盒内的垂直管口，穿入导线后，应将管口做密封处理

图 3-11　装护线套

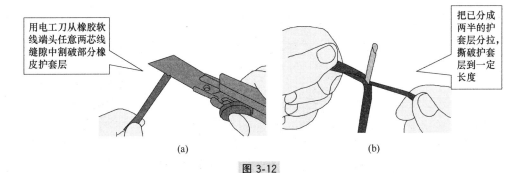

用电工刀从橡胶软线端头任意两芯线缝隙中割破部分橡皮护套层

(a)

把已分成两半的护套层分拉，撕破护套层到一定长度

(b)

图 3-12

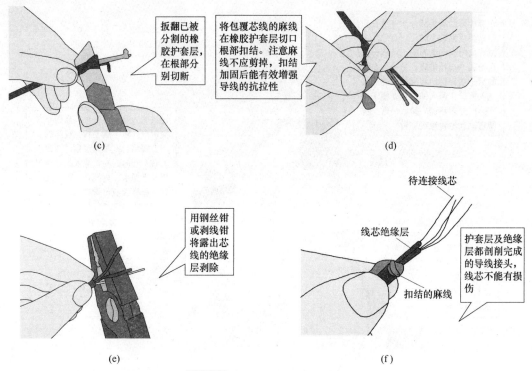

扳翻已被分割的橡胶护套层，在根部分别切断

将包覆芯线的麻线在橡胶护套层切口根部扣结。注意麻线不应剪掉，扣结加固后能有效增强导线的抗拉性

(c)

(d)

用钢丝钳或剥线钳将露出芯线的绝缘层剥除

待连接线芯

线芯绝缘层

护套层及绝缘层都剖削完成的导线接头，线芯不能有损伤

扣结的麻线

(e)

(f)

图 3-12   细导线接线头的剥离

3.1.5.2   粗导线接线头的剥离

粗导线通常是指的是硬铜线，绝缘层内部是独根的铜导线，可使用钢丝钳、剥线

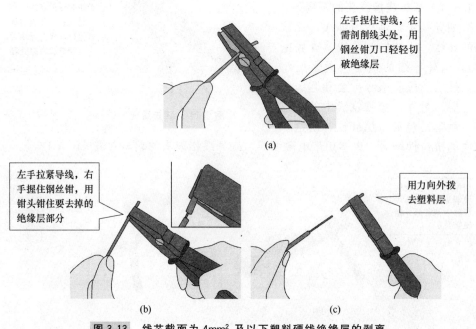

左手捏住导线，在需剖削线头处，用钢丝钳刀口轻轻切破绝缘层

(a)

左手拉紧导线，右手握住钢丝钳，用钳头钳住要去掉的绝缘层部分

用力向外拨去塑料层

(b)

(c)

图 3-13   线芯截面为 4mm² 及以下塑料硬线绝缘层的剥离

钳或电工刀对其接头进行剥离。

（1）线芯截面为 4mm² 及以下的塑料硬线的绝缘层，一般利用钢丝钳、剥线钳或钢丝钳进行剖削。剖削导线的绝缘层时，注意不能损伤线芯，并根据实际的应用，决定剖削导线线头的长度。其剥削方法见图 3-13。

（2）线芯截面为 4mm² 及以上的塑料硬线的绝缘层，一般利用电工刀或剥线钳对绝缘层进行剖削。剖削导线的绝缘层时，根据实际的应用，决定剖削导线线头的长度。其剥削方法见图 3-14。

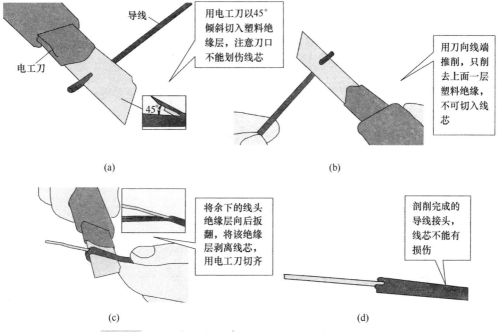

图 3-14 线芯截面为 4mm² 及以上塑料硬线绝缘层的剥离

3.1.5.3 较细多股线的剥离

较细多股导线又称护套线，线芯大多是由多股铜丝组成，不适宜用电工刀剖削绝缘层，在实际操作中，大多使用斜口钳和剥线钳进行剖削操作。其剥削方法见图3-15。

3.1.6 室内导线常用连接方法

3.1.6.1 单股铜导线的直接连接

（1）小截面单股铜导线连接 见图 3-16。

（2）大截面单股铜导线连接 见图 3-17。

（3）不同截面单股铜导线连接 见图 3-18。

3.1.6.2 单股铜导线的分支连接

（1）单股铜导线的 T 字分支连接 见图 3-19。

（2）单股铜导线的十字分支连接 见图 3-20。

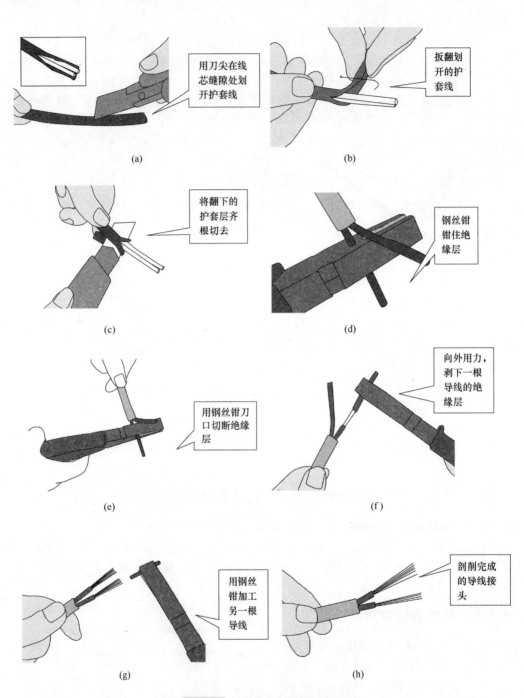

图 3-15　较细多股导线的剥离

3.1.6.3　多股铜导线的直接连接

多股铜导线的直接连接见图 3-21。

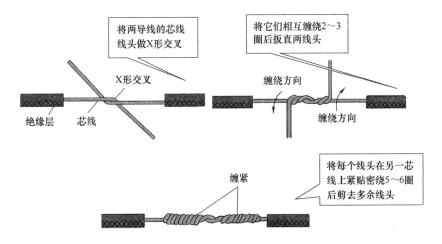

图 3-16 小截面单股铜导线连接

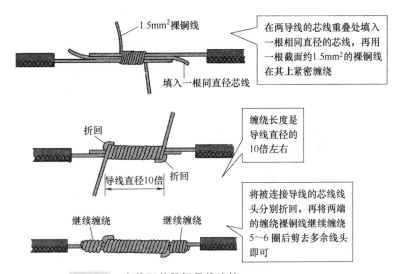

图 3-17 大截面单股铜导线连接

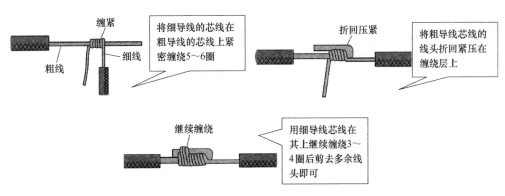

图 3-18 不同截面单股铜导线连接

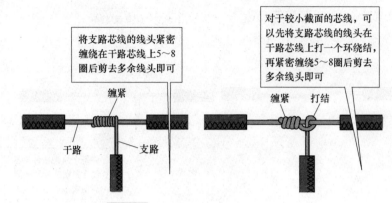

将支路芯线的线头紧密缠绕在干路芯线上5~8圈后剪去多余线头即可

对于较小截面的芯线，可以先将支路芯线的线头在干路芯线上打一个环绕结，再紧密缠绕5~8圈后剪去多余线头即可

缠紧

缠紧　打结

干路　支路

图 3-19　单股铜导线的 T 字分支连接

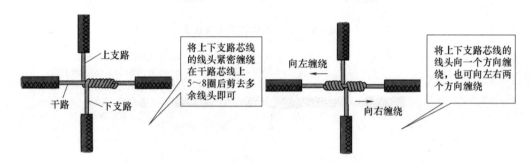

上支路

将上下支路芯线的线头紧密缠绕在干路芯线上5~8圈后剪去多余线头即可

干路　下支路

向左缠绕

向右缠绕

将上下支路芯线的线头向一个方向缠绕，也可向左右两个方向缠绕

图 3-20　单股铜导线的十字分支连接

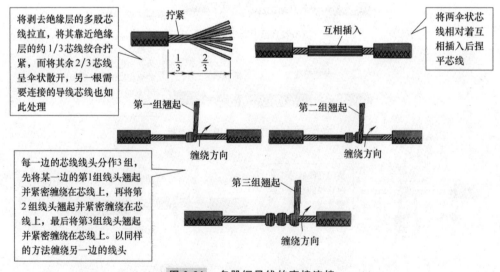

将剥去绝缘层的多股芯线拉直，将其靠近绝缘层的约1/3芯线绞合拧紧，而将其余2/3芯线呈伞状散开，另一根需要连接的导线芯线也如此处理

拧紧

$\frac{1}{3}$　$\frac{2}{3}$

互相插入

将两伞状芯线相对着互相插入后捏平芯线

第一组翘起

缠绕方向

第二组翘起

缠绕方向

每一边的芯线线头分作3组，先将某一边的第1组线头翘起并紧密缠绕在芯线上，再将第2组线头翘起并紧密缠绕在芯线上，最后将第3组线头翘起并紧密缠绕在芯线上。以同样的方法缠绕另一边的线头

第三组翘起

缠绕方向

图 3-21　多股铜导线的直接连接

3.1.6.4　多股铜导线的分支连接

多股铜导线的 T 字分支连接有两种方法。

（1）方法一　见图3-22。

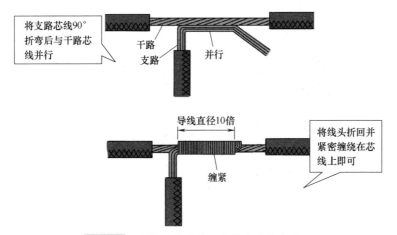

图 3-22 多股铜导线的 T 字分支连接方法一

（2）方法二 见图 3-23。

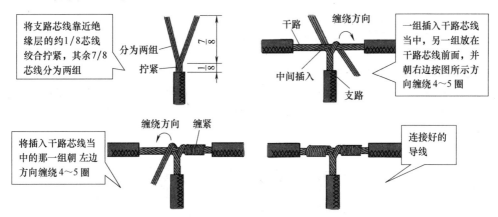

图 3-23 多股铜导线的 T 字分支连接方法二

3.1.6.5 同一方向的导线的连接

当需要连接的导线来自同一方向时，可采用以下方法进行连接。

（1）单股导线的连接 见图 3-24。

（2）多股导线的连接 见图 3-25。

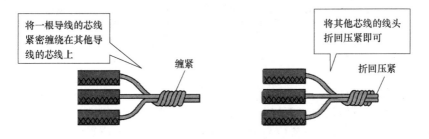

图 3-24 单股导线的连接

图 3-25　多股导线的连接

（3）单股导线与多股导线的连接　见图 3-26。

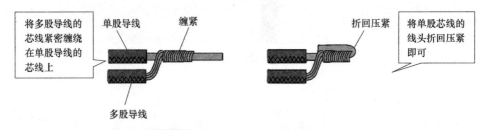

图 3-26　单股导线与多股导线的连接

3.1.6.6　双芯或多芯电线电缆的连接

双芯护套线、三芯护套线或是电缆、多芯电缆在连接时，应当注意尽量将各芯线的连接点互相错开位置，可以更好地防止线间漏电或是短路，如图 3-27 所示。

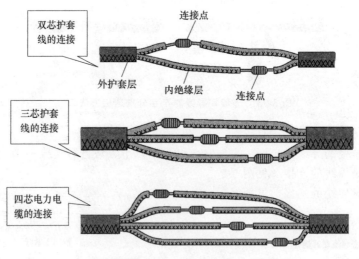

图 3-27　双芯及多芯电线电缆的连接

3.1.6.7　导线紧压连接

铜导线（一般是较粗的铜导线）和铝导线均可以采用紧压连接，铜导线的连接应当采用铜套管，铝导线的连接应当采用铝套管。紧压连接前应当先清除导线芯线表面和压接套管内壁上的氧化层和粘污物，以保证接触良好。

（1）螺钉压接法　见图 3-28。

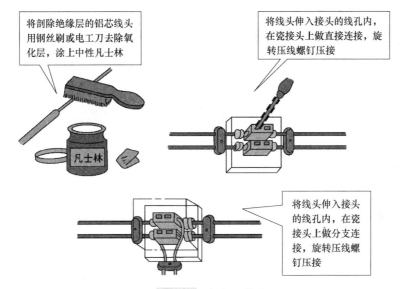

将剖除绝缘层的铝芯线头用钢丝刷或电工刀去除氧化层，涂上中性凡士林

凡士林

将线头伸入接头的线孔内，在瓷接头上做直接连接，旋转压线螺钉压接

将线头伸入接头的线孔内，在瓷接头上做分支连接，旋转压线螺钉压接

图 3-28　螺钉压接法

（2）压接管压接法

① 铜导线或铝导线的紧压连接。压接套管截面有圆形和椭圆形两种。圆截面套管内可穿入一根导线，椭圆截面套管内可并排穿入两根导线。在使用圆截面套管时，将需要连接的两根导线的芯线分别从左右两端插入套管相等长度，以保持两根芯线的线头的连接点位于套管内的中间。然后用压接钳或压接模具压紧套管，通常情况下只要在每端压一个坑即可以满足接触电阻的要求。

使用椭圆截面套管紧压连接方法如图 3-29 所示。

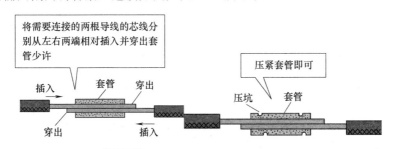

将需要连接的两根导线的芯线分别从左右两端相对插入并穿出套管少许

压紧套管即可

插入　套管　穿出

压坑　套管

穿出　插入

图 3-29　椭圆截面套管紧压连接方法

椭圆截面套管不仅可以用于导线的直线压接，而且可以用于同一方向导线的压接；还可以用于导线的 T 字分支压接或十字分支压接。

② 铜导线与铝导线之间的紧压连接。当需要将铜导线与铝导线进行连接时，必须采取防止电化腐蚀的措施。由于铜和铝的标准电极电位不一样，如果将铜导线与铝导线直接绞接或压接，在其接触面将发生电化腐蚀，引起接触电阻增大而过热，造成线路故障。常用的防止电化腐蚀的连接方法有两种。

a. 采用铜铝连接套管方法见图 3-30。

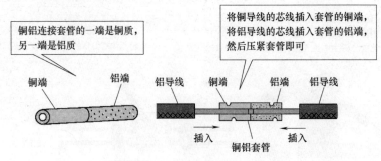

铜铝连接套管的一端是铜质，另一端是铝质

将铜导线的芯线插入套管的铜端，将铝导线的芯线插入套管的铝端，然后压紧套管即可

图 3-30　采用铜铝连接套管方法

b. 将铜导线镀锡后采用铝套管连接方法见图 3-31。

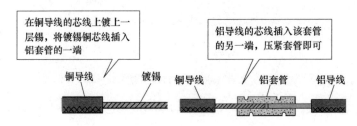

在铜导线的芯线上镀上一层锡，将镀锡铜芯线插入铝套管的一端

铝导线的芯线插入该套管的另一端，压紧套管即可

图 3-31　将铜导线镀锡后采用铝套管连接方法

3.1.7　导线连接处的绝缘处理

为了进行连接，导线连接处的绝缘层已被去除。导线连接完成之后，必须对所有绝缘层已被去除的部位进行绝缘处理，以恢复导线的绝缘性能，恢复后的绝缘强度应当不低于导线原有的绝缘强度。

导线连接处的绝缘处理通常采用绝缘胶带进行缠裹包扎。通常电工常用的绝缘带有黄蜡带、涤纶薄膜带、黑胶布带、塑料胶带、橡胶胶带等。绝缘胶带的宽度常用20mm 的，使用较为方便。

（1）一般导线接头的绝缘处理　一字形连接的导线接头可按图 3-32 所示进行绝缘处理，先包缠一层黄蜡带，再包缠一层黑胶布带。包缠处理中应用力拉紧胶带，注意不可稀疏，更不能露出芯线，以确保绝缘质量和用电安全。对于 220V 线路，也可以不用黄蜡带，只用黑胶布带或塑料胶带包缠两层。在潮湿场所应使用聚氯乙烯绝缘胶带或涤纶绝缘胶带。

（2）T 字分支接头的绝缘处理见图 3-33。

（3）十字分支接头的绝缘处理见图 3-34。

（4）恢复绝缘时的注意事项

① 电压为 380V 的线路恢复绝缘时，可先用黄蜡带用斜叠法紧缠两层，再用黑胶带缠绕 1～2 层。

② 包缠绝缘带时，不能过疏，更不允许露出线芯，以免造成事故。

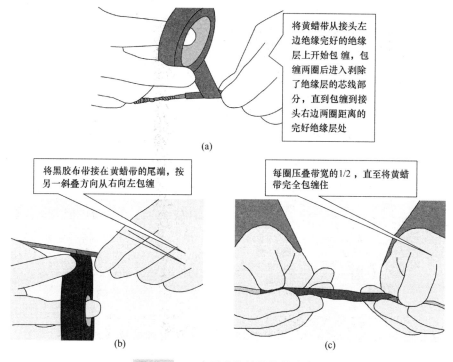

将黄蜡带从接头左边绝缘完好的绝缘层上开始包缠，包缠两圈后进入剥除了绝缘层的芯线部分，直到包缠到接头右边两圈距离的完好绝缘层处

(a)

将黑胶布带接在黄蜡带的尾端，按另一斜叠方向从右向左包缠

每圈压叠带宽的1/2，直至将黄蜡带完全包缠住

(b)   (c)

图 3-32　一字形连接的导线接头方法

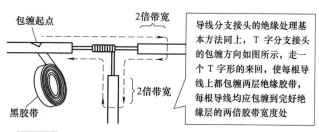

包缠起点

黑胶带

2倍带宽

2倍带宽

导线分支接头的绝缘处理基本方法同上，T 字分支接头的包缠方向如图所示，走一个 T 字形的来回，使每根导线上都包缠两层绝缘胶带，每根导线均应包缠到完好绝缘层的两倍胶带宽度处

图 3-33　T 字分支接头的绝缘处理

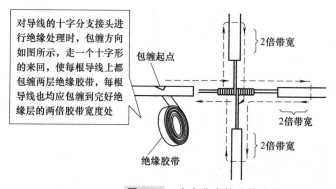

对导线的十字分支接头进行绝缘处理时，包缠方向如图所示，走一个十字形的来回，使每根导线上都包缠两层绝缘胶带，每根导线也均应包缠到完好绝缘层的两倍胶带宽度处

包缠起点

绝缘胶带

2倍带宽

2倍带宽

2倍带宽

图 3-34　十字分支接头的绝缘处理

③ 包缠时绝缘带要拉紧，要包缠紧密、坚实，并粘在一起，以免潮气侵入。

3.2　室内 PVC 电线管配线

3.2.1　PVC 电线管加工

3.2.1.1　PVC 管的切断

管径在 32mm 及以下的小管径管材，使用专用截管器（或 PVC 管剪刀）截管材。

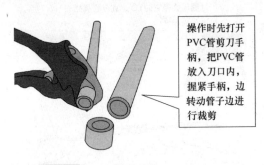

操作时先打开 PVC管剪刀手柄，把PVC管放入刀口内，握紧手柄，边转动管子边进行裁剪

图 3-35　PVC 管的切断

刀口切入管壁后，应停止转动，继续裁剪，直至管子被剪断。截断后，可用截管器的刀背将切口倒角，使切断口平整，如图 3-35 所示。管径大于 32mm 的 PVC 电线管，一般使用钢锯锯断，注意应将管口修理平齐、光滑。

3.2.1.2　PVC 管的弯曲

管径在 32mm 以下的采用冷弯，冷弯方式有弹簧弯管和弯管器弯管；管径在 32mm 以上的宜用热弯。PVC 管的弯管方式见表 3-2。

表 3-2　PVC 管的弯管方式

弯管方式	适用情况		说　明
冷弯	管径在 32mm 以下	弹簧弯管	先将弹簧插入管内，两手用力慢慢弯曲管子,考虑到管子的回弹，弯曲角度要稍大一些。当弹簧不易取出时，可逆时针转动弯管，使弹簧外径收缩，同时往外拉弹簧即可取出 弹簧插入管中，用力慢折弯
		弯管器弯管	将已插好弯管弹簧的管子插入配套的弯管器中,手扳一次即可弯出所需管子
热弯	管径在 32mm 以上的宜用热弯		热弯时，热源可用热风、热水浴、油浴等加热,温度应控制在 80～100℃之间,同时应使加热部分均匀受热,为加速弯头恢复硬化，可用冷水布抹拭冷却

热弯操作步骤如图 3-36 所示。

3.2.1.3　PVC 管的连接

（1）管接头（或套管）连接　见图 3-37。

（2）插入法连接　将两根管子的管口，一根内倒角，一根外倒角，加热内倒角塑料管至 145℃左右，将外倒角管涂一层 PVC 胶水后，迅速插入内倒角管，并立即用

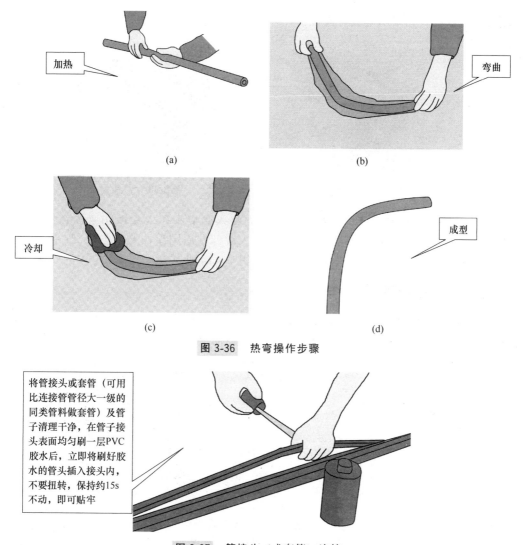

图 3-36　热弯操作步骤

将管接头或套管（可用
比连接管管径大一级的
同类管料做套管）及管
子清理干净，在管子接
头表面均匀刷一层PVC
胶水后，立即将刷好胶
水的管头插入接头内，
不要扭转，保持约15s
不动，即可贴牢

图 3-37　管接头（或套管）连接

湿布冷却，使管子恢复硬度。

（3）常用的 PVC 管连接器　常用的 PVC 管连接器有三通、月弯、束节等。硬塑料管与硬塑料管直线连接在两个接头部分应加装束节，束节应按硬塑料管的直径尺寸来选配，束节的长度一般为硬塑料管内径的 2.5～3 倍，束节的内径与硬塑料管外径有较紧密的配合，装配时用力插到底即可，一般情况不需要涂黏合剂。硬塑料管与硬塑料管为 90°连接时可选用月弯。线路分支连接时可选用三通。

3.2.1.4　PVC 管与接线盒的连接

为了方便安装开关、插座、灯具及导线连接，在预埋管路时，应在上述部位安装接线盒（图 3-38）。值得注意，接线盒有钢盒和塑料盒，钢管配钢盒，塑料管配塑料盒，两者不能混用。安装开关、插座的接线盒有正方形盒、长方形盒；用来安装灯具的接线盒是八角形，称为灯头盒（图 3-39）。接线盒壁上有敲落孔，使用时用钢丝钳敲击即成圆孔，用来与电线管连接。

图 3-38　开关、插座盒

图 3-39　灯头盒

PVC 管与塑料接线盒的连接方法是，先将入盒接头和入盒锁扣紧固在盒（箱）壁；将入盒接头及管子插入段擦干净；在插入段外壁周围涂抹专用 PVC 胶水；用力将管子插入接头，插入后不得随意转动，待约 15s 后即完成。

3.2.2　PVC 管暗敷设

（1）在地面预埋 PVC 管（图 3-40）　新房装修电线管在地面上预埋时，如果地面比较平整，垫层厚度足够，电线管可直接放在地面上。

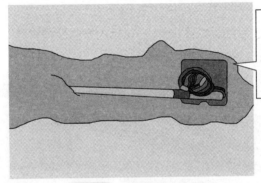

为了防止地面上的线管在其他工种施工过程中被损坏，预埋在垫层内的线管可用水泥砂浆进行保护

图 3-40　地面预埋 PVC 管

（2）在墙内预埋 PVC 管　在墙内暗敷设 PVC 管时，需要先在墙面上开槽。开槽工具一般采用切割机或电锤。开槽的宽度和深度均应大于管外径的 1 倍以上，不宜过宽过大。在梁、柱上严禁开槽。开槽完成后，将 PVC 管敷设在线槽中，PVC 管可用管卡固定，也可用木榫进行固定，再封上水泥使线管固定。

> **经验指导**
> （1）电线管配线需尽量减少转弯，沿最短路径。经综合考虑确定合理管路敷设部位和走向。
> （2）在承重墙上横向开槽是极其危险的做法。
> （3）在预埋电线管前，应做好施工质量通病的预防工作，如管材不得有折扁或裂缝，管内无杂物，处理好管口，防止堵塞，尽量减少弯头。
> （4）钢管预埋在施工前应按要求对管道内壁进行除锈和防腐，施工完后应将管

内穿好铁丝并用木塞将管口塞堵。

（5）在现浇混凝土内配管时，应密切配合土建将管子预埋在底筋上面。预埋的管子、卡具及箱盒等应采取固定措施固定牢固，防止浇捣混凝土时受震移位。箱盒必须紧贴模板，并用木渣、粗草纸等垫物浸水后塞好，以防砂浆进入。

（6）在混凝土中预埋套管时，套管两端应伸出模板各50mm。如直接埋短管，其伸出的两端必须预先套好丝扣，装上管箍保护丝扣，以便接管。所有暗配的管子外露的管口都应做好临时封堵。

（3）在吊顶内预埋PVC管（图3-41） 吊顶内的线管采用明管敷设的安装方式。如果要用软管接到下面灯的位置，软管的长度不能超过1m。固定管路时，如为木龙骨可在管的两侧钉钉，用铁丝绑扎后再用钉钉牢；如为轻钢龙骨，可采用配套管卡和螺钉固定，或用拉铆固定。

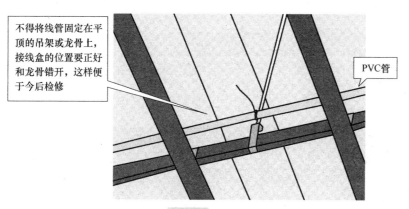

不得将线管固定在平顶的吊架或龙骨上，接线盒的位置要正好和龙骨错开，这样便于今后检修

PVC管

图3-41　吊顶内预埋PVC管

3.3 室内配电设备的安装

3.3.1 室内配电设备施工要求

3.3.1.1 配电箱施工要求

配电箱安装环境及高度应当根据家庭供电用电线路的规划原则进行（图3-42），注意不可以随意地安装，以免对用电造成影响或危害人身安全。

3.3.1.2 配电盘的施工要求

配电盘在安装时与配电箱类似，对于周围环境的要求，也应是在干燥、无震动和无腐蚀气体的环境中，比如客厅。配电盘的施工要求见图3-43。

3.3.2 室内配电设备的选配

3.3.2.1 配电箱的选配

配电箱是每个住户供电都会涉及的配电设备，配电箱里安装的器件主要有电度表、断路器（空气开关）、电线等，且这些器件必须安装在一起。电度表主要用来计

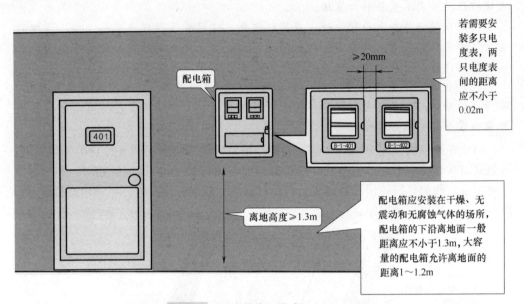

图 3-42　配电箱施工要求

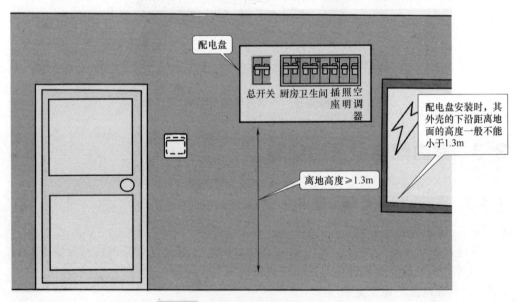

图 3-43　配电盘的施工要求

量用电量，配电箱中的断路器位于主干供电线路上，对主干供电线路上的电力进行控制和保护，也可以称为总断路器、总开关，电线将电度表和总断路器连接起来，从而实现各自的功能。

　　配电箱的选配主要是指对配电箱内的电度表、总断路器、电线的选配，选配时断路器的额定电流必小于电度表的最大额定电流。

　　（1）电度表的选配　电度表主要是用来计量用电量的器件，有三相电度表和单相电度表之分。家庭中的供电电路一般为单相供电，因此使用的电度表为单相电度表，单相电度表又可以分为感应式、电子式及智能式等几种，如图 3-44 所示。

感应式电度表

电子式电度表

智能式电度表

图 3-44　电度表

经验指导

　　无论选择哪种形式的电度表，都应当根据电度表上标有的参数进行选配，而且每种电度表的型号和主要参数的标识基本是一致的。

　　电度表总断路器的额定电流一般有许多等级，比如 5～20A、10～30A、10～40A、20～40A、20～80A 等，如果使用的家用电器比较多，低额定电流的电度表和断路器就无法满足工作要求。此时，可以根据使用的家用电器的功率总和，按照功率计算公式 $P(W) = UI(V \cdot A)$，计算出实际需要的电度表和主断路器的额定电流的大小。

　　（2）断路器的选配　断路器具有过流保护功能，如果电流过大，断路器会自动断开，从而起到保护电度表和用电设备的作用。选配断路器时，也应当根据使用的家用电器的功率，计算出实际需要的断路器额定电流的大小。常见的断路器有空气开关、漏电保护器等。

　　① 空气开关（图 3-45）。当电路中有过流或短路现象时，空气开关内的检测电路会自动驱动开关进行跳闸断路，因其使用方便安全而被广泛应用于电路当中。

　　② 漏电保护器。漏电保护器是常用的一种防止电器漏电事故发生的保护器件，通常安装在单相电度表的后面。漏电保护器对于防止触电伤亡事故，避免因漏电而引起的火灾事故，具有明显的效果。目前，与空气开关制成一体的漏电保护器是目前比较常用的漏电保护装置，如图 3-46 所示。漏电保护器的工作原理见图 3-47。

在电路中，空气开关起着隔离电源与检测电流量的双重作用，当检测到的电流量超过额定电流量，出现跳闸现象，只需要排除用电量过大的家用电器后，重新闭合开关即可，不需要重新安装熔断器，使用方便且安全

目前大多数家庭中所使用的为与空气开关一体化的电流型漏电保护器

图 3-45　空气开关　　图 3-46　带漏电保护器的空气开关

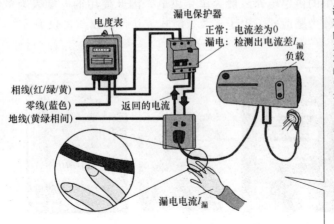

漏电保护继电器是指具有对漏电流检测和判断的功能，而不具有切断和接通主回路功能的漏电保护功能。正常工作时，火线端的电流与零线端的电流相等，回路（支路）中的剩余电流量几乎为0，发生漏电或触电情况时，火线或触电人身体到地，由于出现火线端的电流大于零线端的电路，回路（支路）中就会产生剩余电流量，这个电流量可能较小不会使断路器进行工作，只有漏电保护器可以感应，并进行断路保护

图 3-47　漏电保护器的工作原理

（3）电线的选配　选择好了电度表和总断路器以后，就可以选配电线了。需要输送的电力经过电度表和总断路器到达室内的配电盘，这个过程中所使用的电线称为进户线。进户线一般采用暗敷方式，根据电线安全载流量的规定以及敷设导管的选用规定来选择绝缘线（硬铜线）。6mm^2 的绝缘线（硬铜线）的安全载流量为 48A，10mm^2 的绝缘线（硬铜线）的安全载流量为 65A，16mm^2 的绝缘线（硬铜线）的安全载流量为 91A。绝缘线实物外形如图 3-48 所示。

图 3-48　绝缘线实物外形图

3.3.2.2　配电盘的选配

配电箱将单相交流电引入住户后，一般需要经过配电盘的分配使室内用电量更加合理、后期维护更加方便、用户使用更加安全。配电盘主要是由各种功能的断路器组成的，在选购配电盘时，除了要考虑用于传输电力的配件使用金属材质以外，其他配件一般为绝缘材质。

在选购配电盘内的支路断路器时，最好选择带有漏电保护器的双进双出的空气开关作为支路断路器，但照明支路和空调器支路选择单进单出的断路器即可。支路断路器的额定电流应选择大于该支路中所有可能会同时使用的家用电器的总的电流值，并且配电盘中设计几个支路，配电盘上应有几个控制支路的断路器，有的配电盘上除了支路断路器以外，还带有一个总断路器。总断路器与配电箱中的总断路器的功能是一样的，除了进行电费查询的时候以外，基本上就不用控制、使用配电箱中的设备，而直接在配电盘上进行控制即可。

在家装配电盘中，本着安全的原则，每个支路上都应配有漏电保护器，因此选择带漏电保护器的空气开关即可。

3.3.3 室内配电设备的安装

3.3.3.1 配电箱的安装

配电箱是单元住户用于控制住宅中的各个支路的，它将住宅中的用电分配成不同的支路，其主要目的是为便于用电管理、便于日常使用、便于电力维护。

（1）单相电度表的安装　首先，对于电度表、断路器、绝缘电线进行选择，选择好安装的器件后，将新增配电箱规划安装在原有配电箱的旁边，其距离地的高度应大于 1.3m。新增配电箱的安装步骤见图 3-49。

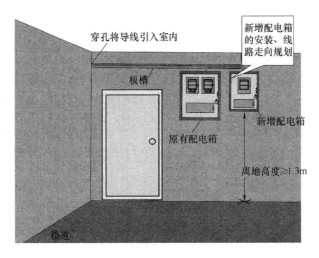

(a)

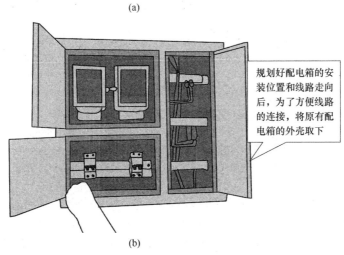

(b)

图 3-49

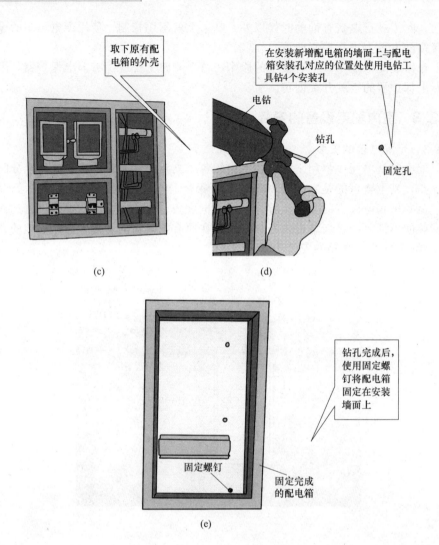

取下原有配电箱的外壳

在安装新增配电箱的墙面上与配电箱安装孔对应的位置处使用电钻工具钻4个安装孔

电钻

钻孔

固定孔

(c)

(d)

钻孔完成后，使用固定螺钉将配电箱固定在安装墙面上

固定螺钉

固定完成的配电箱

(e)

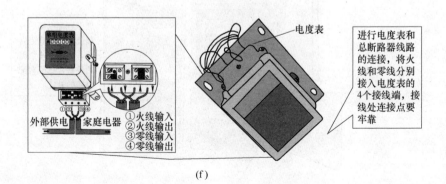

电度表

进行电度表和总断路器线路的连接，将火线和零线分别接入电度表的4个接线端，接线处连接点要牢靠

外部供电　家庭电器

①火线输入
②火线输出
③零线输入
④零线输出

(f)

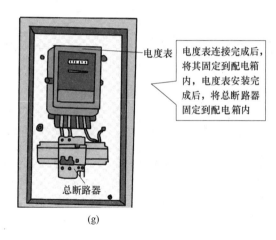

电度表连接完成后，将其固定到配电箱内，电度表安装完成后，将总断路器固定到配电箱内

(g)

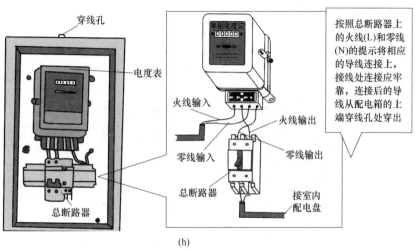

按照总断路器上的火线(L)和零线(N)的提示将相应的导线连接上，接线处连接应牢靠，连接后的导线从配电箱的上端穿线孔处穿出

(h)

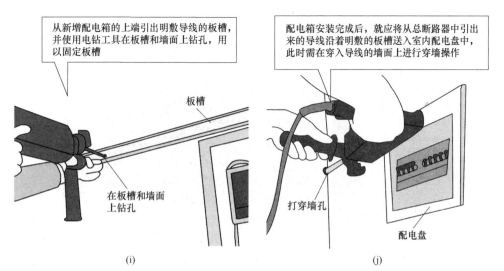

从新增配电箱的上端引出明敷导线的板槽，并使用电钻工具在板槽和墙面上钻孔，用以固定板槽

配电箱安装完成后，就应将从总断路器中引出来的导线沿着明敷的板槽送入室内配电盘中，此时需在穿入导线的墙面上进行穿墙操作

(i)

(j)

图 3-49

穿墙操作完成后，将室外的电线沿穿墙孔引入室内

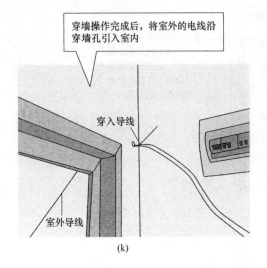

穿入导线

室外导线

(k)

在室内穿墙孔与配电盘间安装固定明敷导线的板槽，将外露的导线敷于板槽内，并将其盖板盖上

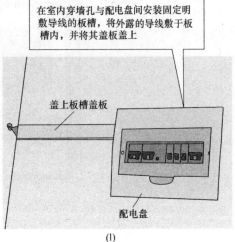

盖上板槽盖板

配电盘

(l)

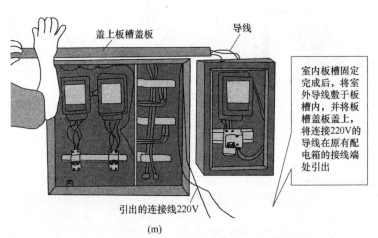

盖上板槽盖板

导线

室内板槽固定完成后，将室外导线敷于板槽内，并将板槽盖板盖上，将连接220V的导线在原有配电箱的接线端处引出

引出的连接线220V

(m)

对新增配电箱内的火线、零线和接地线接入原有配电箱的对应接线柱上，先将零线和地线接到原有配电箱的接线柱上

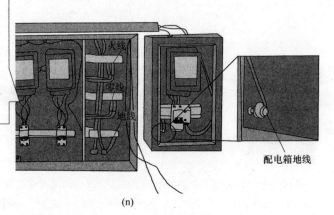

火线

零线

地线

配电箱地线

(n)

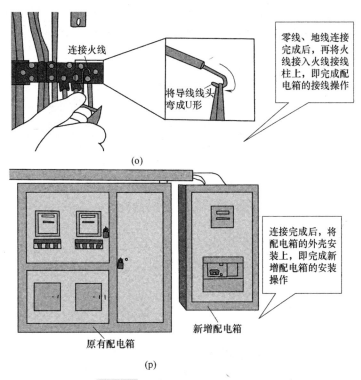

图 3-49 新增配电箱的安装步骤

（2）三相电度表的安装 对于三相电度表的安装与单相电度表的安装相似，下面以示意图的形式展现三相电度表和断路器的安装操作。

① 三相电进入三相电度表的连接方式见图 3-50。

② 电度表和总断路器之间的连接方式见图 3-51。

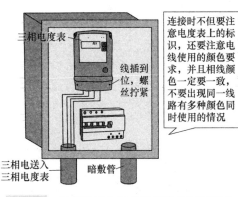

图 3-50 三相电进入三相电度表的连接方式

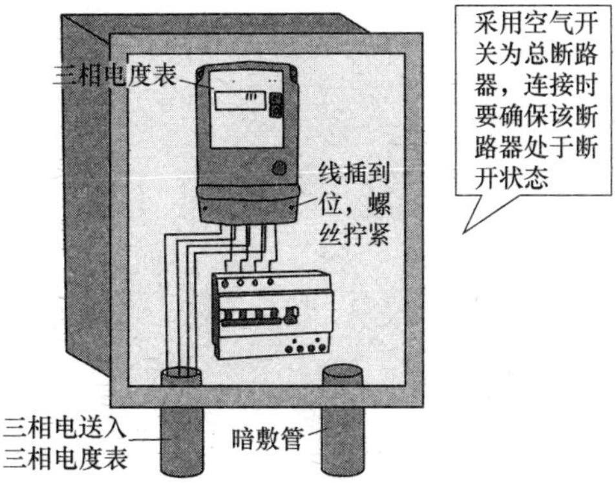

图 3-51 电度表和总断路之间的连接方式

③ 入户线的连接方式见图 3-52。

3.3.3.2 配电箱的测试

配电箱使用前，应当对配电箱进行测试，如果配电箱不符合使用要求（即出现故

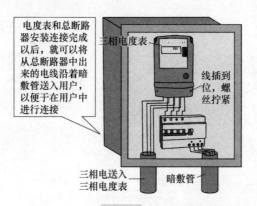

电度表和总断路器安装连接完成以后，就可以将从总断路器中出来的电线沿着暗敷管送入用户，以便于在用户中进行连接

三相电度表

线插到位，螺丝拧紧

三相电送入三相电度表

暗敷管

图 3-52 入户线的连接方式

障），则需重新安装配电箱或更换损坏的元件。对配电箱进行检测，可以使用钳形表检测。下面以单相电度表的配电箱为例进行检测，具体操作见图 3-53。

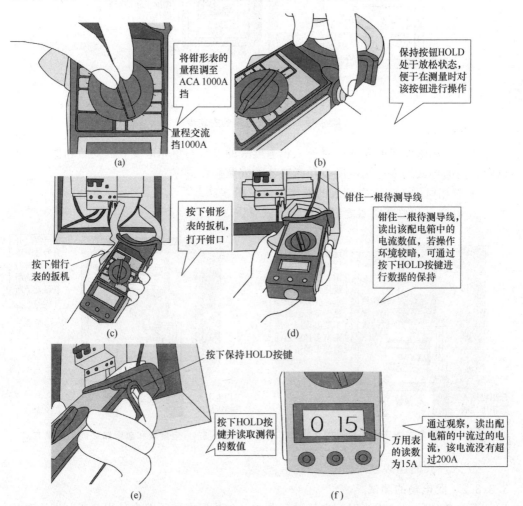

将钳形表的量程调至 ACA 1000A 挡

量程交流挡1000A

(a)

保持按钮HOLD处于放松状态，便于在测量时对该按钮进行操作

(b)

按下钳形表的扳机，打开钳口

按下钳形表的扳机

(c)

钳住一根待测导线

钳住一根待测导线，读出该配电箱中的电流数值，若操作环境较暗，可通过按下HOLD按键进行数据的保持

(d)

按下保持HOLD按键

按下HOLD按键并读取测得的数值

(e)

0 15

万用表的读数为15A

通过观察，读出配电箱的中流过的电流，该电流没有超过200A

(f)

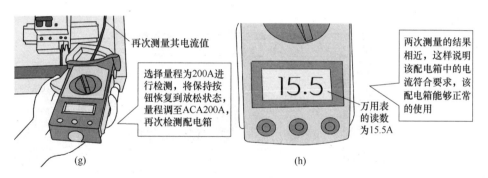

图 3-53　单相电度表的配电箱测试

3.3.3.3　配电盘的安装

配电盘的安装就是将配电盘按照安装高度的要求安装到墙面上，然后在配电盘中安装、固定、连接断路器。配电盘的安装如图 3-54 所示。

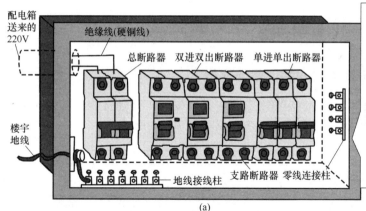

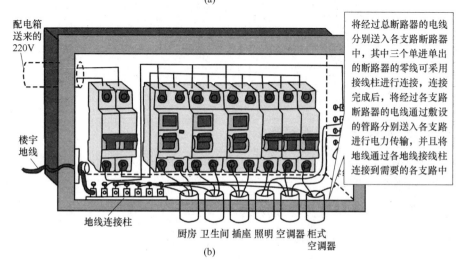

图 3-54

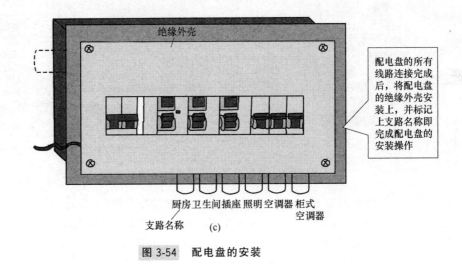

配电盘的所有线路连接完成后，将配电盘的绝缘外壳安装上，并标记上支路名称即完成配电盘的安装操作

绝缘外壳

厨房 卫生间插座 照明 空调器 柜式
空调器

支路名称　　(c)

图 3-54　配电盘的安装

3.4　室内常用插座、开关的安装

3.4.1　插座/开关的安装位置与高度

　　在家装过程中，若插座/开关位置设计和安装不合理将会给之后的生活带来很大不便，家装中插座/开关的安装位置与高度如表 3-3 所示。

表 3-3　插座/开关的安装位置与高度

插座/开关名称	距离地面高度/cm	插座/开关名称	距离地面高度/cm
普通墙面开关面板	135～140	厨房灶台上方面板	120
普通插座面板	30～35	厨房橱柜内部面板	65
视听设备、台灯、落地灯、接线板等墙上插座	30	厨房油烟机面板	210
卧室床头面板	70～80	卫生间插座下口	130
洗衣机插座	120～150	电热水器的插座	140～150
电冰箱插座	150～180	露台/阳台的插座	140
空调、排气扇等的插座	180～200	总电力控制箱	180

3.4.2　插座/开关的安装方法

　　家装中插座/开关的安装方法（插座和开关的安装方法类似，这里以插座为例讲解），如图 3-55 所示。

3.4.3　室内常用开关安装接线

3.4.3.1　单开开关的安装接线

　　单开开关的安装接线如图 3-56 所示。

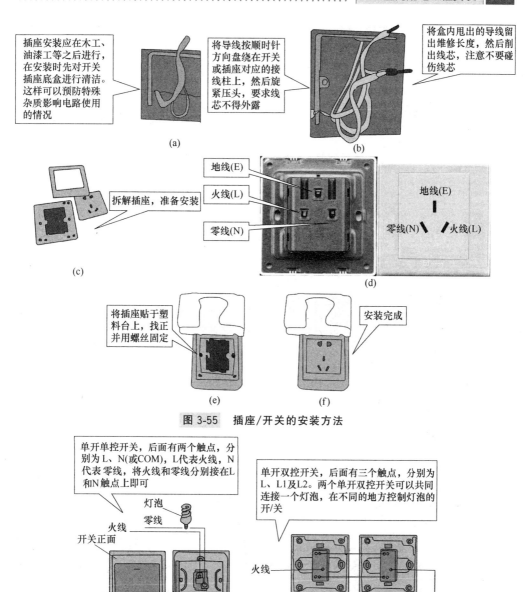

图 3-55　插座/开关的安装方法

图 3-56　单开开关的安装接线

3.4.3.2 双开开关的安装接线

双开开关的安装接线见图 3-57。

3.4.3.3 三开开关的安装接线

三开开关的安装接线如图 3-58 所示。

3.4.3.4 触摸延时开关的安装接线

触摸延时开关的安装接线如图 3-59 所示。

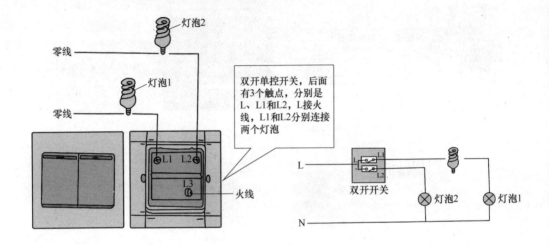

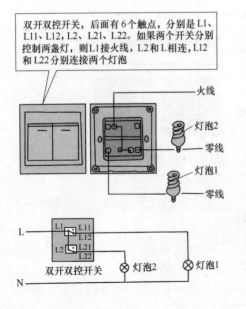

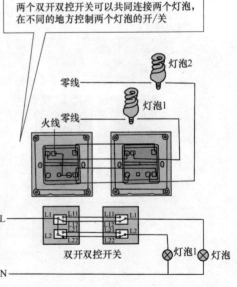

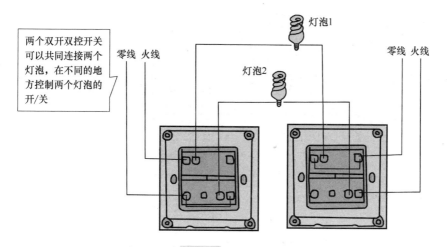

两个双开双控开关可以共同连接两个灯泡，在不同的地方控制两个灯泡的开/关

零线 火线

灯泡1

灯泡2

零线 火线

图 3-57　双开开关的安装接线

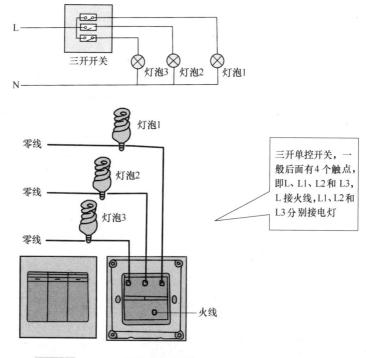

三开单控开关，一般后面有4个触点，即L、L1、L2和L3，L接火线，L1、L2和L3分别接电灯

图 3-58　三开开关的安装接线

3.4.4　室内常用插座安装接线

3.4.4.1　五孔插座的安装接线

五孔插座的安装接线见图 3-60。

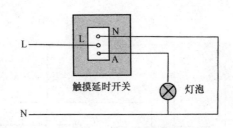

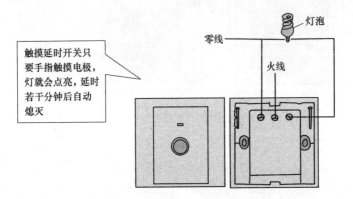

图 3-59　触摸延时开关的安装接线

触摸延时开关只要手指触摸电极，灯就会点亮，延时若干分钟后自动熄灭

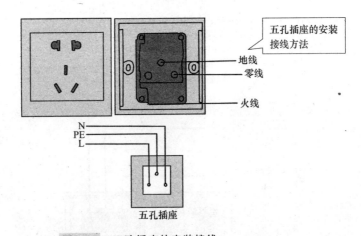

图 3-60　五孔插座的安装接线

3.4.4.2　五孔多功能插座的安装接线

五孔多功能插座的安装接线见图 3-61。

3.4.4.3　电话和电脑插座的安装接线

（1）电脑插座安装接线见图 3-62。

（2）电话安装接线见图 3-63。

3.4.4.4　电视插座的安装接线

电视插座的安装接线见图 3-64。

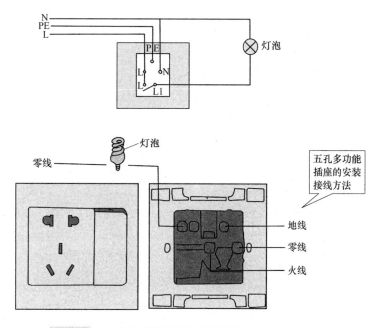

图 3-61　五孔多功能插座的安装接线

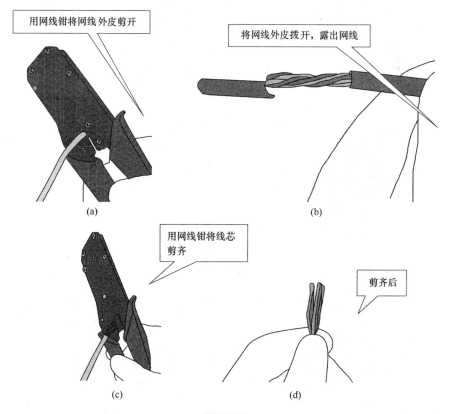

图 3-62

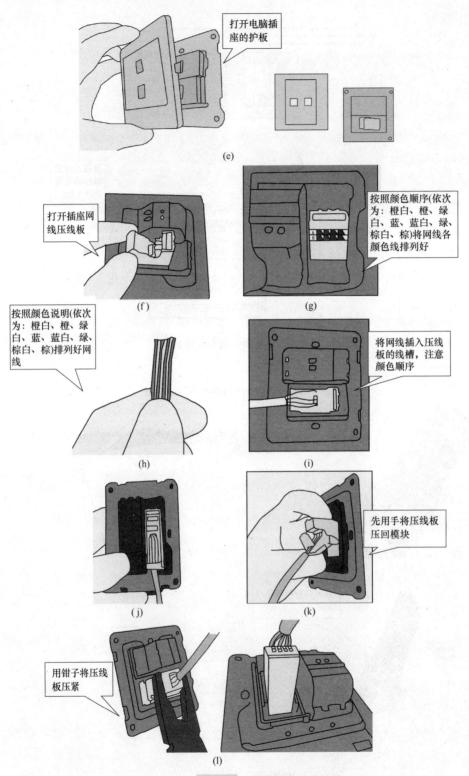

打开电脑插座的护板

(e)

打开插座网线压线板

按照颜色顺序(依次为：橙白、橙、绿白、蓝、蓝白、绿、棕白、棕)将网线各颜色线排列好

(f)

(g)

按照颜色说明(依次为：橙白、橙、绿白、蓝、蓝白、绿、棕白、棕)排列好网线

将网线插入压线板的线槽，注意颜色顺序

(h)

(i)

(j)

先用手将压线板压回模块

(k)

用钳子将压线板压紧

(l)

图 3-62　电脑插座安装接线

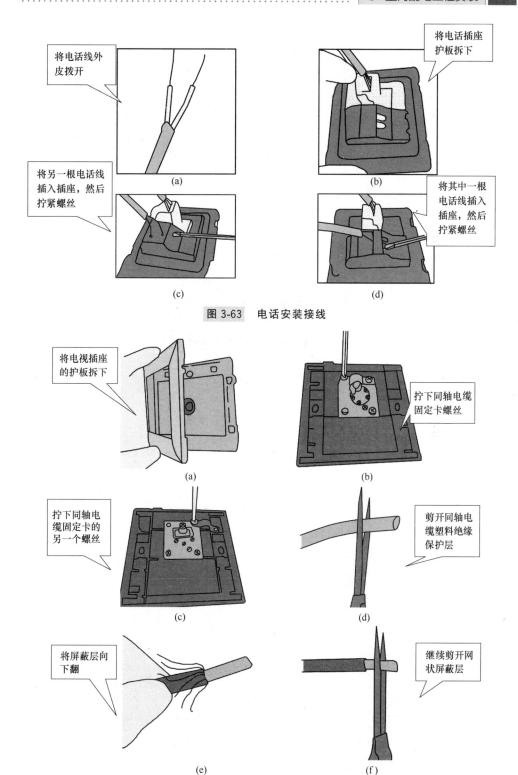

将电话线外皮拨开

将电话插座护板拆下

将另一根电话线插入插座，然后拧紧螺丝

将其中一根电话线插入插座，然后拧紧螺丝

(a) (b) (c) (d)

图 3-63 电话安装接线

将电视插座的护板拆下

拧下同轴电缆固定卡螺丝

拧下同轴电缆固定卡的另一个螺丝

剪开同轴电缆塑料绝缘保护层

将屏蔽层向下翻

继续剪开网状屏蔽层

(a) (b) (c) (d) (e) (f)

图 3-64

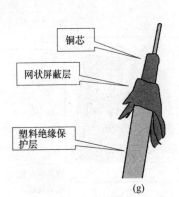

铜芯

网状屏蔽层

塑料绝缘保护层

(g)

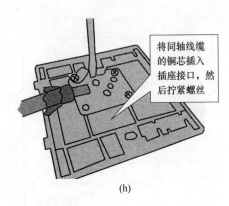

将同轴线缆的铜芯插入插座接口，然后拧紧螺丝

(h)

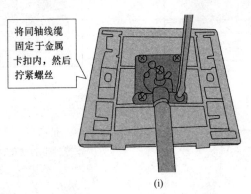

将同轴线缆固定于金属卡扣内，然后拧紧螺丝

(i)

图 3-64　电视插座的安装接线

4

室内照明灯具及常用电器安装

4.1 室内照明灯具的安装

4.1.1 照明灯具的安装要求

4.1.1.1 技术要求

（1）安装照明灯具的最基本要求是必须牢固、平整、美观。

（2）室内安装壁灯、床头灯、台灯、落地灯、镜前灯等灯具时，灯具的金属外壳均应接地，以保证使用安全。

（3）卫生间及厨房装矮脚灯头时，宜采用瓷螺口矮脚灯头座。螺口灯头接线时，相线（开关线）应接在中心触点端子上，零线接在螺纹端子上。

（4）台灯等带开关的灯头，为了安全，开头手柄不应有裸露的金属部分。

（5）在装饰吊顶安装各类灯具时，应按灯具安装说明的要求进行安装。灯具质量大于3kg时，应采用预埋吊钩或从屋顶用膨胀螺栓直接固定支吊架安装（不能用吊平顶或吊龙骨支架安装灯具）。从灯头箱盒引出的导线应用软管保护至灯位，防止导线裸露在平顶内。

（6）同一场所安装成排灯具一定要先弹线定位，再进行安装，中心偏差应不大于2mm。要求成排灯具横平竖直、高低一致；若采用吊链安装，吊链要平行，灯脚要在同一条线上。

4.1.1.2 作业条件

（1）在结构施工中做好预埋工作，混凝土楼板应预埋螺栓，吊顶内应预下吊杆。

（2）木台、木板油漆完。

（3）对灯具安装有影响的模板、脚手架已拆除。

（4）棚、墙面的抹灰工作、室内装饰浆活及地面清理工作均已结束。

4.1.2 吸顶灯的安装

吸顶灯可直接装在天花板上，安装简易。常用的吸顶灯有方罩吸顶灯、圆球吸顶灯、尖扁圆吸顶灯、半圆球吸顶灯、半扁球吸顶灯、小长方罩吸顶灯等，其安装方法基本相同。

4.1.2.1　吸顶灯安装位置的确定

（1）在现浇混凝土楼板上安装吸顶灯，当室内只有一盏灯时，其灯位盒应设在纵横轴线中心的交叉处；有两盏灯时，灯位盒应设在长轴线中心与墙内净距离1/4的交叉处。设置几何图形组成的灯位，灯位盒的位置应相互对称。

（2）在预制空心楼板上安装吸顶灯，当配管管路需沿板缝敷设时，要安排好楼板的排列次序，调整好灯位盒处板缝的宽度，使安装对称。当室内只有一盏灯时，灯位盒应尽量设在室内中心的板缝内。当灯位无法设在屋中心时，应设在略偏向窗户一侧的板缝内。如果室内设有两盏（排）灯时，两灯位之间的距离，应尽量等于灯位盒与墙距离的2倍。室内有梁时，灯位盒距梁侧面的距离，应与距墙的距离相同。楼（屋）面板上设置3个及以上成排灯位盒时，应沿灯位盒中心处拉通线定灯位，成排的灯位盒应在同一条直线上，允许偏差不应大于5mm。

（3）在厨房安装吸顶灯，灯位盒应设在厨房间的中心处。

（4）在卫生间安装吸顶灯，灯位盒应配合给排水、暖通专业确定适当的位置，在窄面的中心处，灯位盒及配管距预留孔边缘不应小于200mm。

4.1.2.2　吸顶灯安装方法

（1）直接安装法步骤见图4-1。

（2）间接安装法步骤见图4-2。

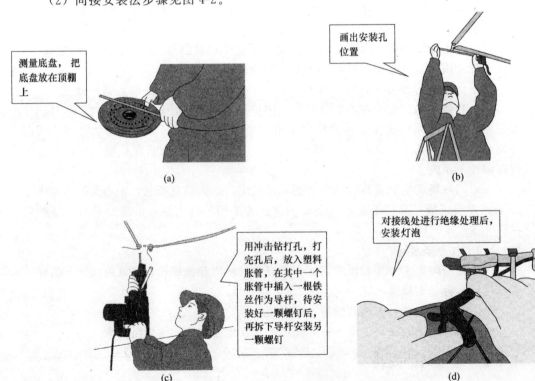

测量底盘，把底盘放在顶棚上

(a)

画出安装孔位置

(b)

用冲击钻打孔，打完孔后，放入塑料胀管，在其中一个胀管中插入一根铁丝作为导杆，待安装好一颗螺钉后，再拆下导杆安装另一颗螺钉

(c)

对接线处进行绝缘处理后，安装灯泡

(d)

图 4-1　吸顶灯直接安装法

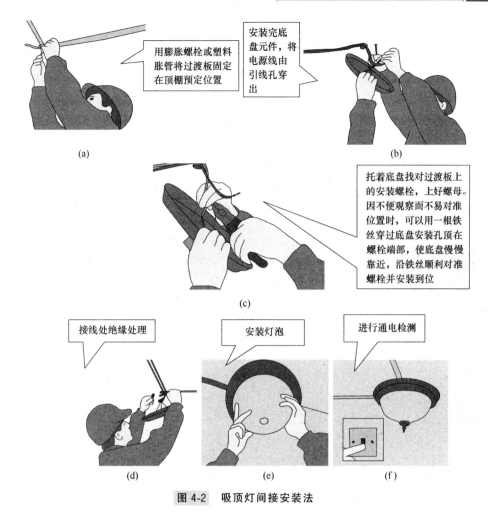

用膨胀螺栓或塑料胀管将过渡板固定在顶棚预定位置

安装完底盘元件，将电源线由引线孔穿出

(a)　　　　　　　　　　(b)

托着底盘找对过渡板上的安装螺栓，上好螺母。因不便观察而不易对准位置时，可以用一根铁丝穿过底盘安装孔顶在螺栓端部，使底盘慢慢靠近，沿铁丝顺利对准螺栓并安装到位

(c)

接线处绝缘处理　　　安装灯泡　　　进行通电检测

(d)　　　　　　(e)　　　　　　(f)

图 4-2　吸顶灯间接安装法

（3）LED 节能环保型吸顶灯安装见图 4-3。

4.1.3　吊灯的安装

吊灯是在室内天花板上使用的高级装饰用照明灯，其高贵大气的造型能彰显房屋的富丽堂皇。

4.1.3.1　吊灯的安装位置及固定方法

（1）吊灯的安装位置　大的吊灯安装在结构层上，如楼板、梁上及屋架下弦；小的吊灯常安装在吊顶搁栅上或吊顶的平顶搁栅上。无论单个吊灯还是组合吊灯，均由灯具厂一次配套生产，所不同的是，单个吊灯可以直接安装，组合吊灯要在组合后安装或安装时组合。

（2）吊灯的固定方法　质量在 0.5kg 及以下的灯具可以使用软线吊灯安装。当灯具质量大于 0.5kg 时，应当增设吊链。当吊灯灯具质量大于 3kg 时，应当采用预埋吊钩或螺栓固定。在不同结构的楼板上预埋固定灯具用螺栓。螺栓的预留见图4-4，钩形膨胀螺栓见图 4-5。

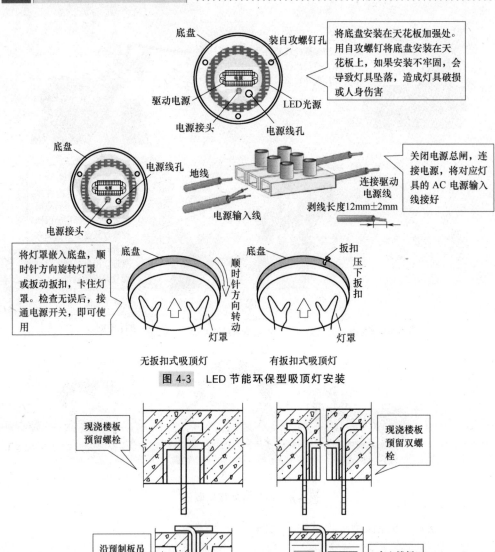

底盘　装自攻螺钉孔

驱动电源　LED光源

电源接头　电源线孔

将底盘安装在天花板加强处。用自攻螺钉将底盘安装在天花板上，如果安装不牢固，会导致灯具坠落，造成灯具破损或人身伤害

底盘　电源线孔　地线

电源接头

连接驱动电源线

电源输入线

剥线长度12mm±2mm

关闭电源总闸，连接电源，将对应灯具的AC电源输入线接好

将灯罩嵌入底盘，顺时针方向旋转灯罩或扳动扳扣，卡住灯罩。检查无误后，接通电源开关，即可使用

底盘　顺时针方向转动　灯罩

底盘　扳扣压下扳扣　灯罩

无扳扣式吸顶灯　　有扳扣式吸顶灯

图 4-3　LED 节能环保型吸顶灯安装

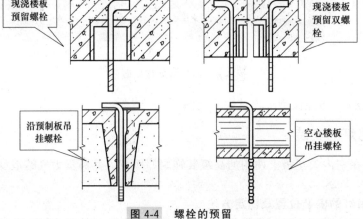

现浇楼板预留螺栓

现浇楼板预留双螺栓

沿预制板吊挂螺栓

空心楼板吊挂螺栓

图 4-4　螺栓的预留

如果灯具较小，质量较轻，也可用钩形膨胀螺栓来固定灯具的过渡件，每个钩形膨胀螺栓的理论负荷质量限制应该在8kg左右，因此20kg的灯具最少应用3个钩形膨胀螺栓

图 4-5　钩形膨胀螺栓

4.1.3.2 吊灯安装方法

吊灯安装方法如图 4-6 所示。

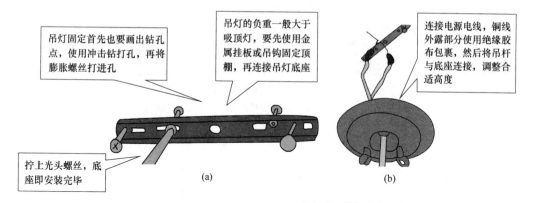

吊灯固定首先也要画出钻孔点，使用冲击钻打孔，再将膨胀螺丝打进孔

吊灯的负重一般大于吸顶灯，要先使用金属挂板或吊钩固定顶棚，再连接吊灯底座

连接电源电线，铜线外露部分使用绝缘胶布包裹，然后将吊杆与底座连接，调整合适高度

拧上光头螺丝，底座即安装完毕

(a)　　　(b)

安装各类灯具时，应按灯具安装说明的要求进行安装。灯具安装最基本的要求是必须牢固。灯具质量大于3kg时，应采用预埋吊钩或从屋顶用膨胀螺栓直接固定支吊架安装

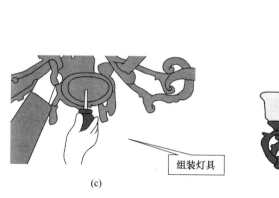

组装灯具

(c)

(d)

图 4-6　吊灯的安装

4.1.4　射灯的安装

射灯的安装方法如图 4-7 所示。

4.1.5　壁灯的安装

4.1.5.1　壁灯安装位置的确定

一般来说，人们对壁灯（图 4-8）亮度的要求不太高，但对造型美观与装饰效果要求较高。壁灯一般安装在楼梯、门厅、浴室、盥洗间、卧室等部位。

（1）客厅壁灯更具装饰性功能，一般安装在沙发、茶几附近的墙壁上。

（2）餐厅壁灯一般安装在餐桌附近的墙壁上。

（3）床头壁灯一般装在床头的上方，灯头可万向转动，光束集中，便于阅读，也

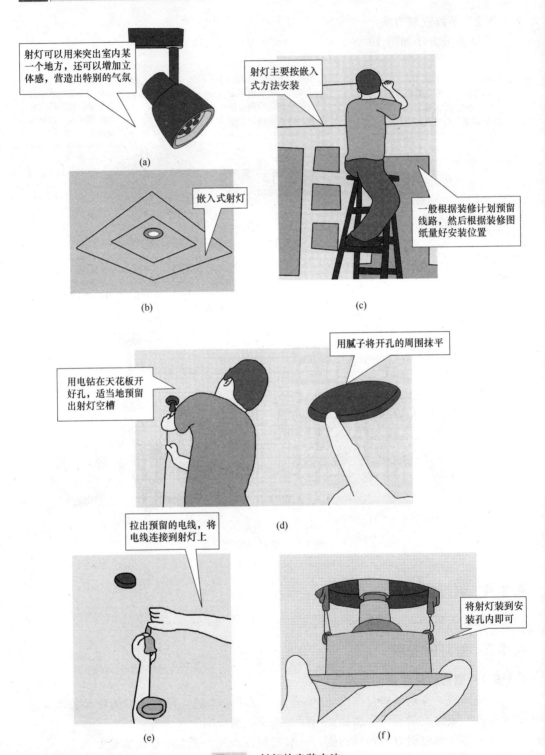

射灯可以用来突出室内某一个地方，还可以增加立体感，营造出特别的气氛

(a)

嵌入式射灯

(b)

射灯主要按嵌入式方法安装

一般根据装修计划预留线路，然后根据装修图纸量好安装位置

(c)

用电钻在天花板开好孔，适当地预留出射灯空槽

用腻子将开孔的周围抹平

(d)

拉出预留的电线，将电线连接到射灯上

将射灯装到安装孔内即可

(e)

(f)

图 4-7　射灯的安装方法

可以在床头的两边各安装一个壁灯。

（4）盥洗间宜用壁灯代替顶灯，这样可避免水蒸气凝结在灯具上影响照明和腐蚀灯具。盥洗间壁灯一般安装在镜子的上方。此壁灯应具备防潮性能。

（5）用壁灯作浴缸照明，一般安装浴缸附近的墙壁上，让光线融入浴池。此壁灯应具备防潮性能。

（6）室内楼梯的壁灯一般安装在转台处，应采用双控开关控制，否则使用不方便。

在不同部位使用的壁灯，其规格要求不同，安装高度也不一样。一般壁灯的高度，距离工作面为1440～1850mm，即距离地面2240～2650mm。卧室的壁灯距离地面可以近一些，在1400～1700mm（壁灯安装的高度应略超过视平线即可）为宜。

壁灯挑出墙面的距离，应根据房间的大小及不同的使用功能来确定，为95～400mm

图4-8　壁灯

4.1.5.2　壁灯的安装方法

壁灯的安装比较简单，待位置确定好后即可安装。

（1）取出壁灯的支架在墙上做个记号。

（2）采用预埋件或打孔的方法，采用膨胀螺栓将灯座和支架固定在墙壁上。

（3）安装灯具的其他配件。

（4）接好线。

4.1.6　水晶灯的安装

随着人们审美意识的不断提升，水晶吸顶灯在家庭装饰中被越来越多的使用，阳台、卧室、客厅、厨房、卫生间等地都可以使用水晶灯。水晶吸顶灯具有外观奢华高贵、占用极少、光照柔和、款式种类繁多等特点。目前，水晶灯的电光源主要有节能灯、LED（发光二极管）灯或者是节能灯与LED灯的组合。由于大多数水晶灯的配件都比较多，安装时一定要认真阅读说明书，水晶灯的安装见图4-9。

> **经验指导**
>
> （1）安装水晶灯之前一定先把安装图认真看明白。安装顺序千万不要搞错。
>
> （2）安装灯具时，如果装有遥控装置的灯具，必须分清相线与零线，否则不能通电或容易烧毁。
>
> （3）如果灯体比较大，比较难接线的话，可以把灯体的电源的连接线加长，一般加长到能够接触到地面上为宜，这样会容易安装很多，装上后可以把电源线收藏于灯体内部，不影响美观和正常使用。
>
> （4）为了避免水晶上印有指纹和汗渍，在安装时操作者应戴上白色手套。

4.1.7　灯带的安装

4.1.7.1　灯带光源的介绍

在木龙骨加石膏板的吊顶，预留有10cm宽灯槽，在灯槽中安装LED灯作为辅助装饰光源是近年来家庭室内装修的一种潮流，如图4-10所示。

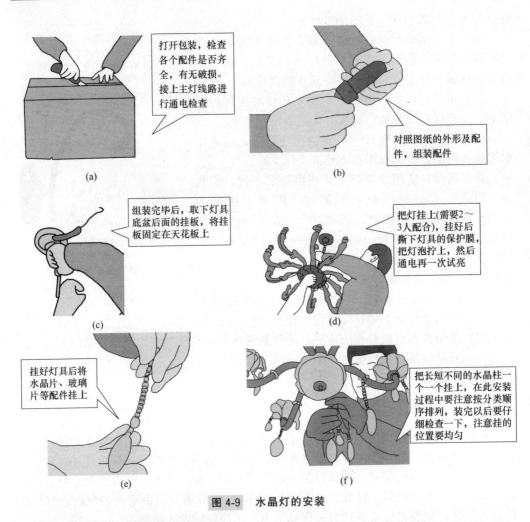

打开包装，检查各个配件是否齐全，有无破损。接上主灯线路进行通电检查

(a)

对照图纸的外形及配件，组装配件

(b)

组装完毕后，取下灯具底盆后面的挂板，将挂板固定在天花板上

(c)

把灯挂上(需要2～3人配合)，挂好后撕下灯具的保护膜，把灯泡拧上，然后通电再一次试亮

(d)

挂好灯具后将水晶片、玻璃片等配件挂上

(e)

把长短不同的水晶柱一个一个挂上，在此安装过程中要注意按分类顺序排列，装完以后要仔细检查一下，注意挂的位置要均匀

(f)

图 4-9　水晶灯的安装

暗槽内的灯带效果

图 4-10　LED 灯带在室内装修中的应用

由于 LED 灯具有耗电极省、使用寿命极长、使用安全等特性，逐渐在装饰行业中崭露头角。在室内装修时，通常采用 LED 彩虹管（图 4-11）作为吊顶灯带的光源，也有采用 LED 带灯（图 4-12）作为灯带的光源。

4.1.7.2　灯带的安装

在室内吊顶安装，把 LED 带灯或者 LED 彩虹管放在灯槽里，摆直就可以了。也可以用细绳或细铁丝固定。有的 LED 带灯背面贴采用自粘性的双面胶，安装时可以直接撕去双面胶表面的贴纸，然后把灯条固定在需要安装的地方，用手按平就好了，如图 4-13 所示。

4.1.7.3　电源连接方法

如果不希望每条 LED 带灯都用一个电源来控制，可以购买一个功率比较大的开

LED彩虹管是利用特制的PVC外壳包装上一串LED灯泡组成的一种柔软的、可任意弯曲的灯饰产品。它可提供标准的或具个性化的颜色和效果，仿佛像传统的霓虹灯，因此也称为柔性霓虹灯。可用于建筑物、大厦轮廓，也可用于室内外装饰

图 4-11　LED 彩虹管

不管使用何种变压器，LED带灯最大可以连接灯串为160串。即供电为12V的，最大长度为50m；供电为24V的，最大长度为100m。LED 带灯广泛应用于台阶、展台、桥梁、酒店、KTV 装饰照明等

LED 带灯将很多的 LED 灯泡安装在一条扁平而透明的PVC扁带中，可以随意弯曲，可任意固定在凹凸不平的地方。每三个灯就可以组成一组回路，可根据需要剪切出不同的长度来安装

图 4-12　LED 带灯

撕去双面胶表面的贴纸

用手按平灯带

图 4-13　灯带的安装

关电源作总电源，然后把所有的 LED 带灯输入电源全部并联起来（线材尺寸不够的话可以另外延长），统一由总开关电源供电。这样的好处是可以集中控制，不方便的地方是不能实现单个 LED 灯带的点亮效果和开关控制，如图 4-14 所示。具体采用哪种方式可以由用户自己去衡量。

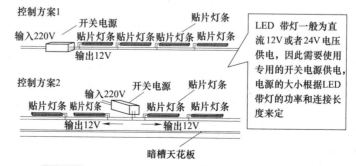

LED 带灯一般为直流12V 或者24V 电压供电，因此需要使用专用的开关电源供电，电源的大小根据LED带灯的功率和连接长度来定

图 4-14　LED 带灯的电源连接方法

4.2 室内常用电器的安装

4.2.1 浴霸的安装

浴霸是家庭沐浴时首选的取暖设备，常见的有壁挂式与吸顶式两种，如图 4-15 所示。壁挂式浴霸通常采取斜挂方式固定在墙壁上的浴霸，具有灯暖、照明与换气的功能，没有安装条件的限制；吸顶式浴霸则是固定在吊顶上的，具有灯暖或风暖、照明与换气等多种功能，由于是直接安装在吊顶上，吸顶式浴霸比壁挂式浴霸节省空间、更美观，沐浴时受热也更全面均匀、更舒适。

壁挂式浴霸

吸顶式浴霸

图 4-15　浴霸

经验指导

使用和安装浴霸需注意以下问题。

（1）浴霸电源配线系统应当规范。浴霸的功率最高可达 1100W 以上，因此，安装浴霸的电源配线必须是防水线，最好是不低于 $1mm^2$ 的多丝铜芯电线，所有电源配线都要走塑料暗管镶在墙内，因此，绝不许有明线设置，浴霸电源控制开关应当是带防水 10A 以上容量的合格产品，特别是老房子卫生间安装浴霸更要注意规范。

（2）注意浴霸的厚度不宜太大。在安装问题上，要注意浴霸的厚度不能太大，一般的在 20cm 左右即可。因为浴霸要安装在房顶上，若想要将浴霸装上必须在房顶以下加一层顶，也就是常说的 PVC 吊顶，这样才能使浴霸的后半部分可以夹在两顶中间，如果浴霸太厚，装修就会有困难。

（3）浴霸应当安装在卫生间的中心部。有很多家庭将其安装在浴缸或淋浴位置上方，表面看起来冬天升温会很快，但是却有安全隐患。正确的方法应该将浴霸安装在卫生间顶部的中心位置，或者略靠近浴缸的位置，以免红外线辐射灯升温快、离得太近，容易灼伤人体。

（4）浴霸工作时禁止用水喷淋。尽管当前的浴霸都进行了防水处理，但在实际使用时，禁止用水喷淋，以免引起浴霸内部金属配件出现短路等危险。

（5）忌频繁开关和周围有振动。不可以频繁开关浴霸，浴霸运行中切忌周围有较大的振动，否则会影响取暖泡的使用寿命。如果运行中出现异常情况，应当即停止使用。

（6）保持卫生间的清洁干燥。洗浴完后，不要马上关掉浴霸，特别是带有通风功能的浴霸，应当等卫生间内潮气排掉后再关机；平时也要保持卫生间通风、清洁和干燥，从而延长浴霸的使用寿命。

4.2.1.1 浴霸设备的安装准备

（1）浴霸的安装方式　安装浴霸前，应当先对其安装说明进行详细的阅读，具体安装方式见图 4-16。

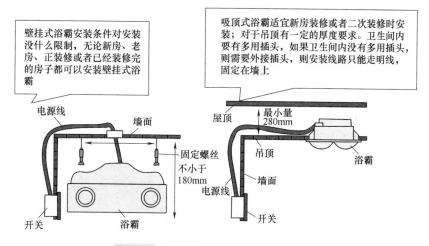

图 4-16　浴霸的安装方式

（2）浴霸的安装位置　了解了浴霸的安装方式，接下来就要选择浴霸的安装位置了。

① 站立淋浴时。先确定人在卫生间站立淋浴的位置，面向莲蓬头（淋浴的喷头），人体背部的后上方就是安装浴霸的位置。将浴霸安装在人体背部的后上方，是因为在沐浴时，人感到最冷的是背部，这样的安装位置能使浴霸更直接热辐射到人体背部。

② 浴盆时。以浴盆为中心安装浴霸。

4.2.1.2 浴霸设备的安装连接

下面主要讲解吸顶式浴霸的安装连接方法。

（1）确定浴霸安装位置　为了取得最佳的采暖效果，浴霸应当安装在浴缸或沐浴房中央正上方的吊顶。中高档浴霸都带有通风口，对于需要通风口的浴霸，在安装前，需要先确定墙壁上通风窗的位置。在安装浴霸过程中，通风管应当避免与燃气热水器、油烟机接入同一排气管道，以防有害气体从撤开的气道或其他燃烧燃料的设备回流进室内，如图 4-17 所示。

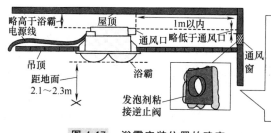

浴霸与通风窗之间的距离保持在1m以内，通风窗的位置要略低于通风口，以免通风管内结露水倒流到主机内。最好同时安装上逆止阀，以防止风道内有异味返回室内。在安装逆止阀时，可使用发泡胶进行粘接。

浴霸安装完毕后，灯泡离地面的高度应在2.1～2.3m，过高或过低都会影响使用效果

图 4-17　浴霸安装位置的确定

（2）吊顶的加工　确定完浴霸的安装位置之后，需要对吊顶进行适当的加工处理，如图 4-18 所示。

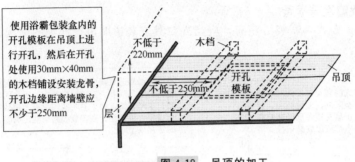

使用浴霸包装盒内的开孔模板在吊顶上进行开孔，然后在开孔处使用30mm×40mm的木档铺设安装龙骨，开孔边缘距离墙壁应不少于250mm

不低于220mm　木档　开孔模板　吊顶

不低于250mm

层

图 4-18　吊顶的加工

（3）电线的连接见图 4-19。

（4）通风管的连接　连接完电线，再将通风管安装好，如图 4-20 所示。

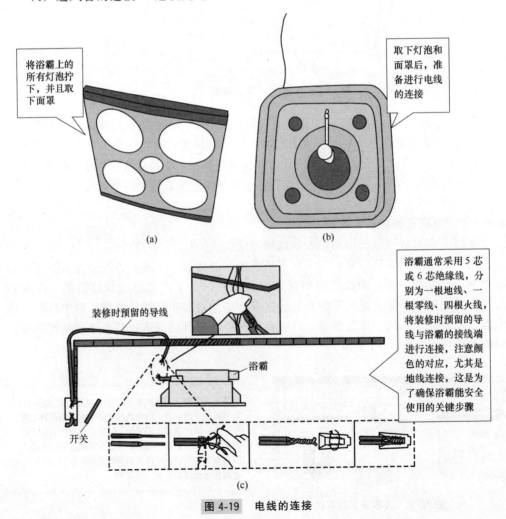

将浴霸上的所有灯泡拧下，并且取下面罩

取下灯泡和面罩后，准备进行电线的连接

(a)　(b)

装修时预留的导线

浴霸通常采用 5 芯或 6 芯绝缘线，分别为一根地线、一根零线、四根火线，将装修时预留的导线与浴霸的接线端进行连接，注意颜色的对应，尤其是地线连接，这是为了确保浴霸能安全使用的关键步骤

浴霸

开关

(c)

图 4-19　电线的连接

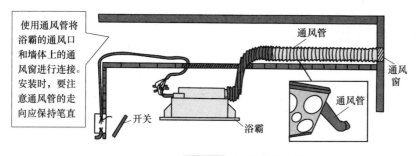

图 4-20 通风管的连接

（5）固定 所有连接都完成后，就可以将浴霸与吊顶进行固定了，如图 4-21 所示。

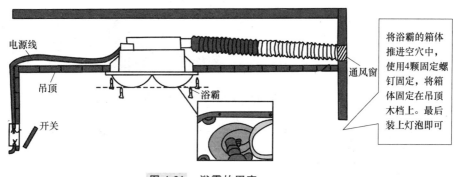

图 4-21 浴霸的固定

（6）开关的连接 控制浴霸的开关一共有 4 个：两个开关控制四盏取暖灯，一个开关控制照明用灯，还有一个开关控制换气扇为组合开关，如图 4-22 所示。

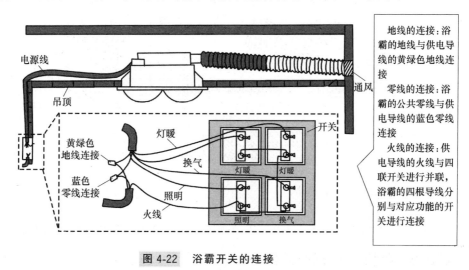

图 4-22 浴霸开关的连接

所有导线都连接完成后，就可实现对浴霸的不同控制，即：一个灯暖开关控制两盏取暖灯、照明开关控制照明灯、换气开关控制排风功能。

（7）防潮密封　浴霸即是卫生间中的大功率设备，又是专门和水、水蒸气打交道的电器设备，因此应采用防潮处理，用玻璃胶对安装好的浴霸四周进行密封处理。

4.2.2　排风设备的安装

排风设备是许多家庭厨房或卫生间用于通风换气的设备，常见的为吸顶式，排风设备的安装连接基本上没有区别，并且都是采用吸顶式的安装连接方法。

（1）排风设备的安装位置见图4-23。

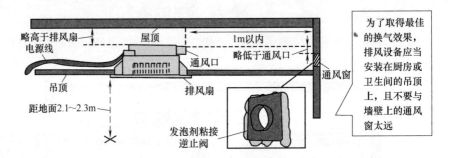

图4-23　排风设备的安装位置

（2）吊顶的加工　在吊顶上进行开孔后，用木档敷设龙骨，并且与通风管之间的位置规划好，如图4-24所示。

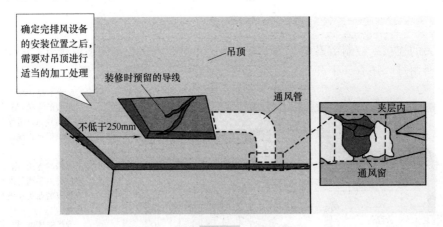

图4-24　吊顶的加工

（3）电线的连接见图4-25。

（4）通风管的连接见图4-26。

（5）开关的连接（图4-27）　控制排风设备的开关就是普通的单键开关。

4.2.3　吊扇、壁扇的安装

4.2.3.1　吊扇的安装

安装步骤：固定吊件→组装电扇→固定电扇→调试。吊扇的安装步骤见图4-28。

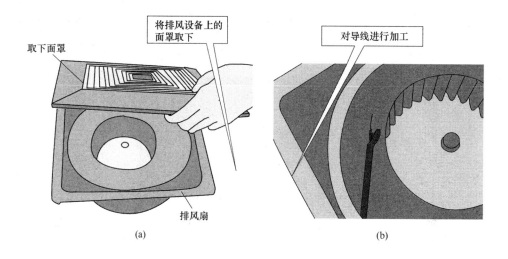

取下面罩

将排风设备上的面罩取下

排风扇

(a)

对导线进行加工

(b)

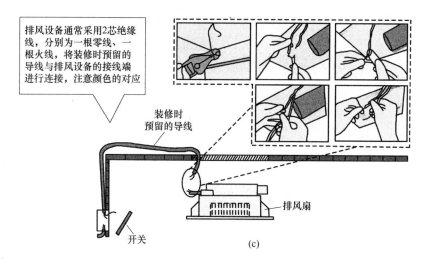

排风设备通常采用2芯绝缘线，分别为一根零线、一根火线，将装修时预留的导线与排风设备的接线端进行连接，注意颜色的对应

装修时预留的导线

排风扇

开关

(c)

图 4-25　电线的连接

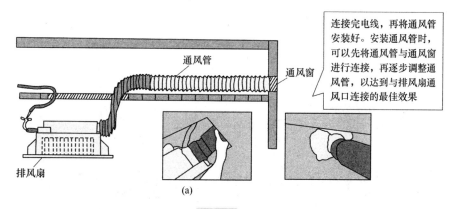

连接完电线，再将通风管安装好。安装通风管时，可以先将通风管与通风窗进行连接，再逐步调整通风管，以达到与排风扇通风口连接的最佳效果

通风管

通风窗

排风扇

(a)

图 4-26

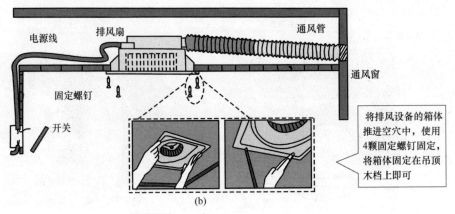

电源线　排风扇　通风管

通风窗

固定螺钉

开关

(b)

将排风设备的箱体推进空穴中，使用4颗固定螺钉固定，将箱体固定在吊顶木档上即可

图 4-26　通风管的连接

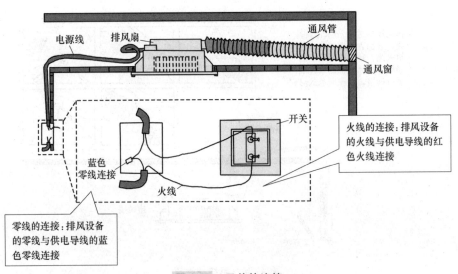

电源线　排风扇　通风管

通风窗

开关

蓝色零线连接

火线

火线的连接：排风设备的火线与供电导线的红色火线连接

零线的连接：排风设备的零线与供电导线的蓝色零线连接

图 4-27　开关的连接

吊钩应能够承受吊扇的质量与运转时的作用力，吊钩的直径不能小于吊扇悬挂销钉的直径，且不能小于8mm

安装吊扇必须预埋吊钩或螺栓，并且必须牢固可靠

(a)　　　　　(b)

吊钩挂上吊扇后，吊扇的重心与吊钩直线部分应当在同一直线上

吊钩伸出长度应以盖上风扇吊杆护罩后能将整个吊钩全部罩住为宜

(c)　　　　　　　　　　　　(d)

图 4-28　吊扇的安装步骤

4.2.3.2　壁扇的安装

　　壁扇比较常见，一般安装到墙壁上的电风扇就是壁扇。安装壁扇的主要目的是节约空间，壁扇的特点是方便、实用和美观。壁扇不仅吹风范围广，而且风力强劲。壁扇的安装步骤见图 4-29。

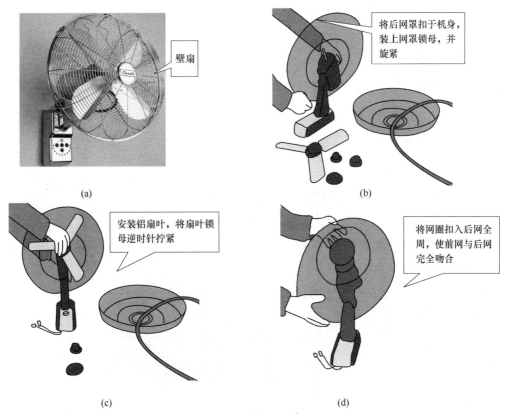

壁扇

将后网罩扣于机身，装上网罩锁母，并旋紧

(a)　　　　　　　　　　　　(b)

安装铝扇叶，将扇叶锁母逆时针拧紧

将网圈扣入后网全周，使前网与后网完全吻合

(c)　　　　　　　　　　　　(d)

图 4-29

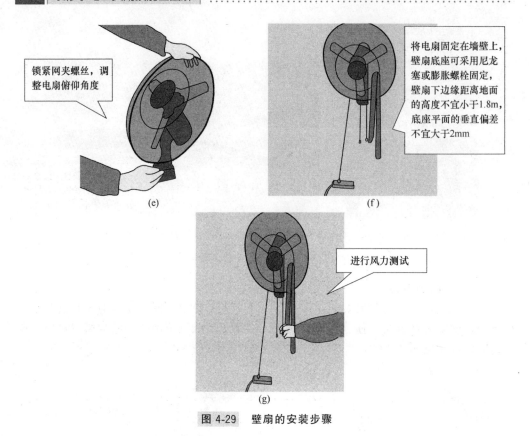

图 4-29 壁扇的安装步骤

4.2.4 吸油烟机的安装

吸油烟机是现代厨房必不可少的用品之一，为了保证厨房的清爽与美观，选购性能良好的油烟机产品很关键。除了选购之外，吸油烟机的安装高度、位置、安装牢固性等会直接影响到吸排油烟效果，还影响到厨房整体空间的协调。吸油烟机的安装见图 4-30。

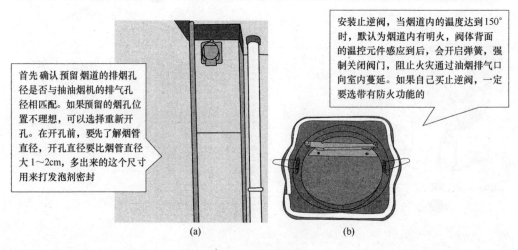

安装烟管时，如果烟管过长，就需要固定在天花板或墙体上，防止在排风时烟道晃动

烟管套在逆止阀的接口上，用铝箔胶带或者电工胶带仔细缠好，如果没有密封，会影响排烟效果，还会造成吊顶积油

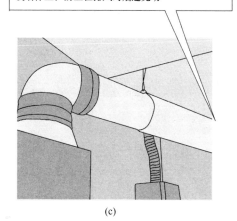

(c)

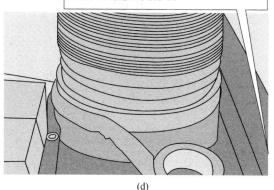

(d)

需要借助悬挂条把油烟机的主机挂在墙上，在墙上打孔固定悬挂条。根据吸油烟机的安装说明书中推荐的间距，确定吸油烟机的安装高度。测量好高度后，用笔在悬挂条的孔里做好标记

(e)

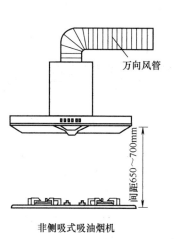

万向风管

间距650~700mm

非侧吸式吸油烟机

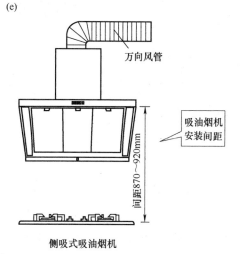

万向风管

吸油烟机安装间距

间距870~920mm

侧吸式吸油烟机

(f)

图 4-30

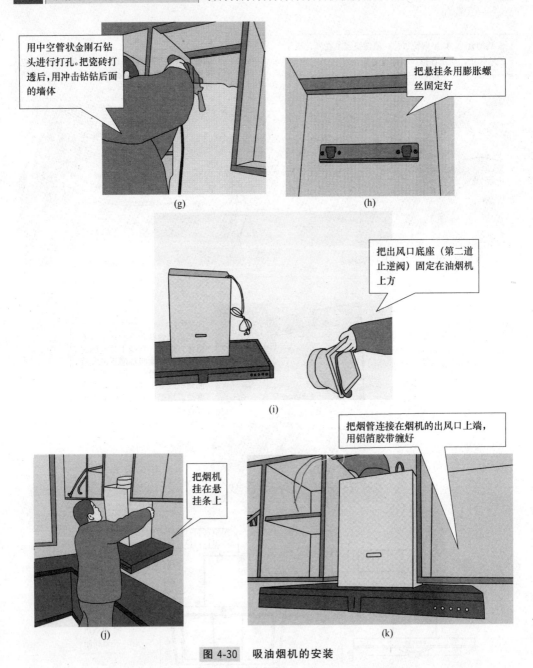

图 4-30　吸油烟机的安装

4.2.5　净水器的安装

净水器也称为净水机、水质净化器，是对饮用水水质进行深度过滤、净化处理的水处理设备。我们平时所讲的净水器，一般是指用作家庭使用的小型净化器。在水污染日益严重的今天，净水器已逐渐成为老百姓家中不可或缺的家电之一。

净水器的安装方式主要有三种，用户可以根据厨房内的实际情况进行选择，如

图 4-31所示。

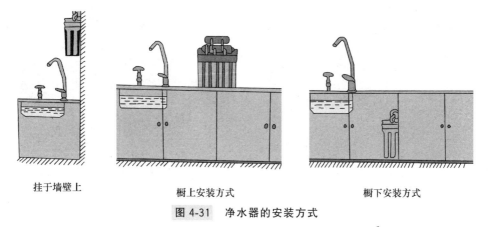

| 挂于墙壁上 | 橱上安装方式 | 橱下安装方式 |

图 4-31 净水器的安装方式

净水器的安装步骤如图 4-32 所示。

4.2.6 厨房垃圾处理器的安装

随着人们生活品质的提高，厨房里的各种高科技和环保的小家电越来越多了，目

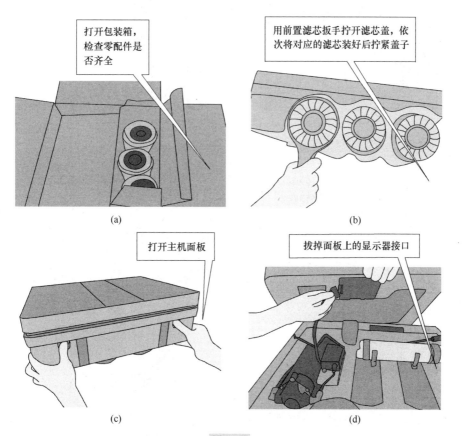

打开包装箱，检查零配件是否齐全

用前置滤芯扳手拧开滤芯盖，依次将对应的滤芯装好后拧紧盖子

(a)

(b)

打开主机面板

拔掉面板上的显示器接口

(c)

(d)

图 4-32

拧开滤芯盖

(e)

装入 RO(反渗透)膜后，拧紧盖子

(f)

接好显示器接口，盖上面板

(g)

取下主机接口上的卡扣和塞子

(h)

PP 管插入接口，并用卡扣固定

(i)

拔掉压力桶上的塞子

(j)

装上压力桶球阀

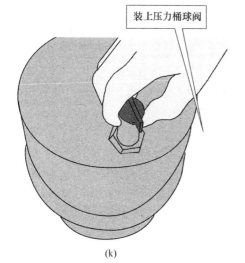

(k)

将PP(聚丙烯)管另一头插入球阀接口处后，用卡扣固定

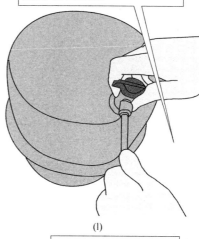

(l)

将垫片依次装入水龙头主轴后把水龙头放于水槽打孔处，拧紧螺母

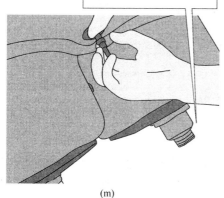

(m)

固定好水龙头后，将PP管插入水龙头连接口

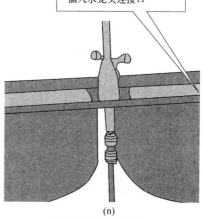

(n)

将进水总阀关闭，把进水三通及连接球阀安装好

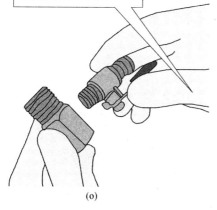

(o)

将主机固定于合适位置，理顺各接好的水管，并用扎带扎好

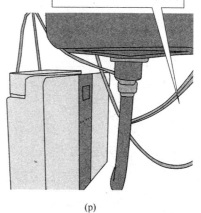

(p)

图 4-32

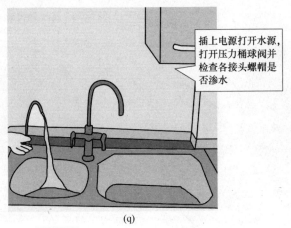

(q)

图 4-32　净水器的安装步骤

前，日益受到消费者青睐的厨卫家具"新宠儿"——厨房垃圾处理器也进入到很多家庭中。厨房垃圾处理器的安装见图 4-33。

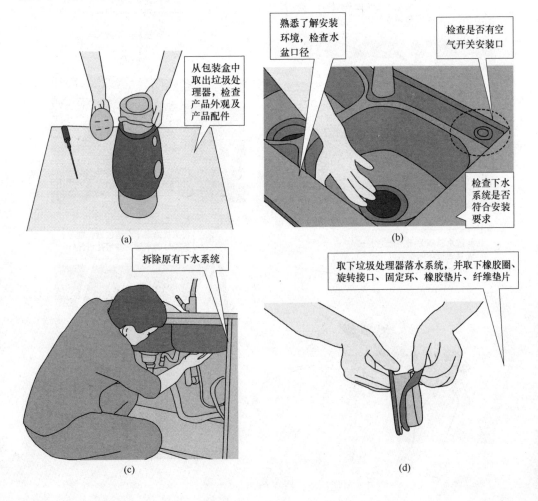

从包装盒中取出垃圾处理器，检查产品外观及产品配件

(a)

熟悉了解安装环境，检查水盆口径

检查是否有空气开关安装口

检查下水系统是否符合安装要求

(b)

拆除原有下水系统

(c)

取下垃圾处理器落水系统，并取下橡胶圈、旋转接口、固定环、橡胶垫片、纤维垫片

(d)

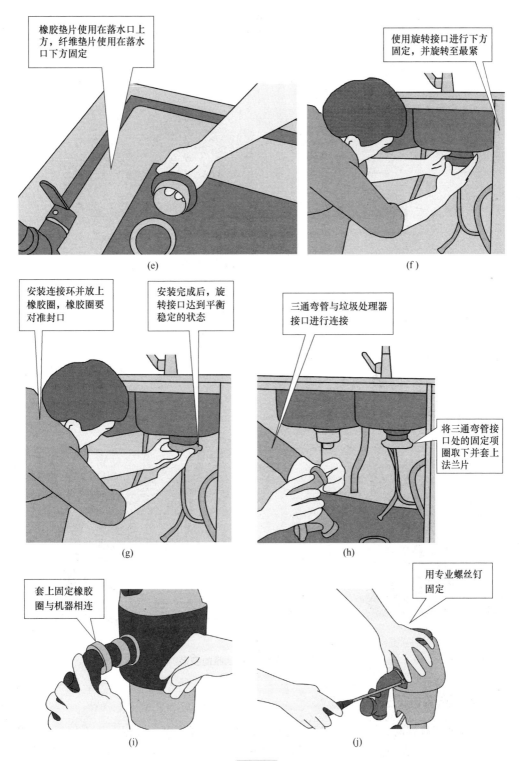

橡胶垫片使用在落水口上方，纤维垫片使用在落水口下方固定

使用旋转接口进行下方固定，并旋转至最紧

(e)

(f)

安装连接环并放上橡胶圈，橡胶圈要对准封口

安装完成后，旋转接口达到平衡稳定的状态

三通弯管与垃圾处理器接口进行连接

将三通弯管接口处的固定项圈取下并套上法兰片

(g)

(h)

套上固定橡胶圈与机器相连

用专业螺丝钉固定

(i)

(j)

图 4-33

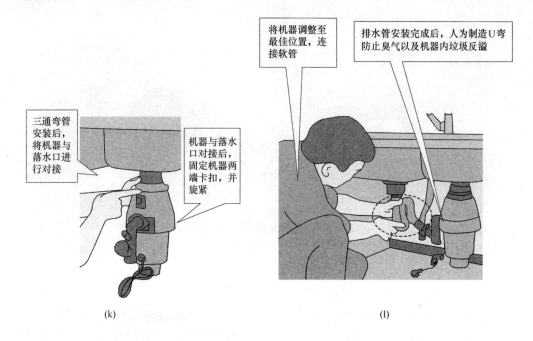

将机器调整至最佳位置，连接软管

排水管安装完成后，人为制造U弯防止臭气以及机器内垃圾反溢

三通弯管安装后，将机器与落水口进行对接

机器与落水口对接后，固定机器两端卡扣，并旋紧

(k)

(l)

最后，进行测试及检查机器是否正常运转

安装空气开关（空气开关连接口放置于机器底部）

安装软管，连接机器与下水口

(m)

(n)

图 4-33　厨房垃圾处理器的安装

4.2.7　洗碗机的安装

洗碗机具有省时、省事、干净、省水、高温消毒等优点，其存在为人们提供了更多的选择余地，是现代高品质家居生活的一种体现形式。洗碗机的安装方法见图 4-34。

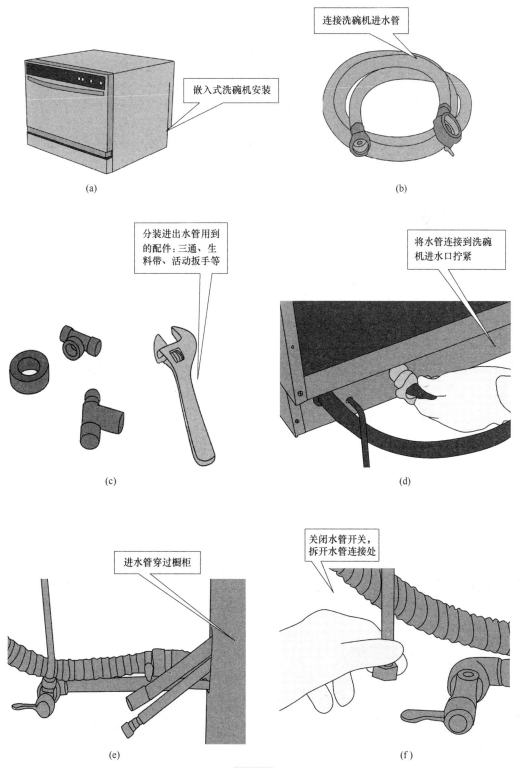

嵌入式洗碗机安装

(a)

连接洗碗机进水管

(b)

分装进出水管用到的配件：三通、生料带、活动扳手等

(c)

将水管连接到洗碗机进水口拧紧

(d)

进水管穿过橱柜

(e)

关闭水管开关，拆开水管连接处

(f)

图 4-34

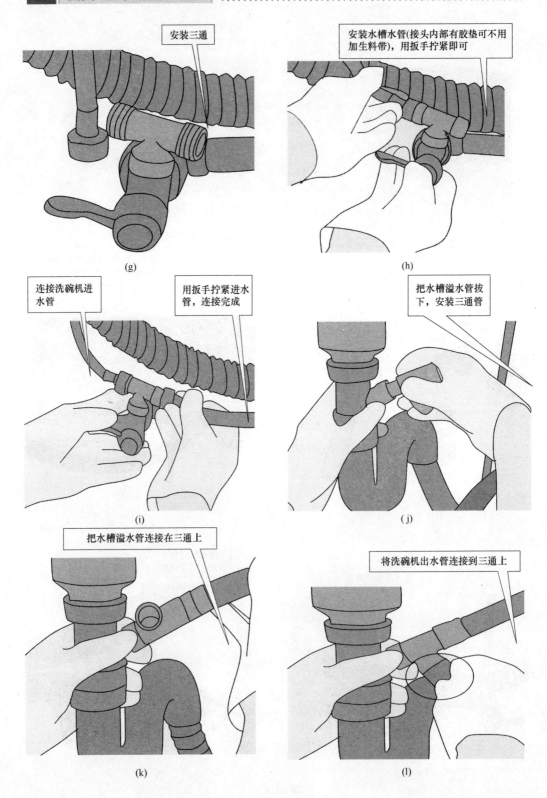

安装三通

(g)

安装水槽水管(接头内部有胶垫可不用加生料带),用扳手拧紧即可

(h)

连接洗碗机进水管

用扳手拧紧进水管,连接完成

(i)

把水槽溢水管拔下,安装三通管

(j)

把水槽溢水管连接在三通上

(k)

将洗碗机出水管连接到三通上

(l)

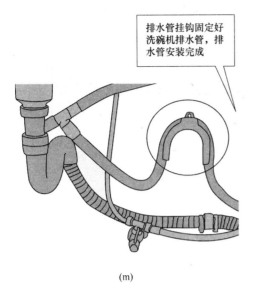

排水管挂钩固定好洗碗机排水管，排水管安装完成

(m)

将洗碗机缓缓推入橱柜内

(n)

插上电源

(o)

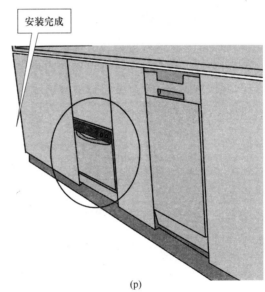

安装完成

(p)

图 4-34 洗碗机的安装

5

智能化工程安装

5.1 有线电视网络系统的安装

5.1.1 家庭有线电视线缆敷设

有线电视室内布线的敷设方法也有明线敷设与暗线敷设两种。一般说来，新建楼房或房屋装修安装有线电视宜采用暗线敷设，而旧房安装有线电视则采用明线敷设。入户的同轴电缆沿外墙穿入室内时要用防水导管，以防雨水沿电缆线进入室内。有线电视星形布线平面图如图 5-1 所示。

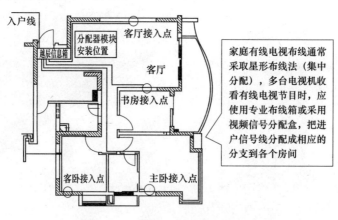

图 5-1　有线电视星形布线平面图

现代家居装修，一般要求电视电缆暗敷设。其电缆通常采用 SKY75-5 同轴电缆，单独穿一根电线管敷设。如果使用分配器，分配器应当放在预埋盒中，电缆也应穿管敷设，以便检修。

5.1.2 相关器材的安装

（1）分配器的安装见图 5-2。

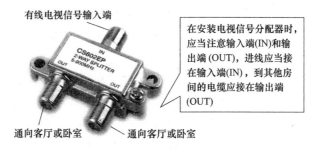

有线电视信号输入端

在安装电视信号分配器时，应当注意输入端(IN)和输出端(OUT)，进线应当接在输入端(IN)，到其他房间的电缆应接在输出端(OUT)

通向客厅或卧室　　通向客厅或卧室

图 5-2　分配器的安装

FL10-5 型插头的连接方法如图 5-3 所示。

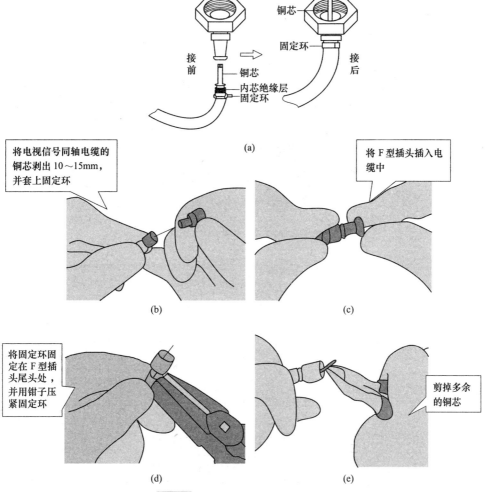

铜芯

固定环

接前　铜芯　　内芯绝缘层　固定环　接后

(a)

将电视信号同轴电缆的铜芯剥出 10～15mm，并套上固定环

将 F 型插头插入电缆中

(b)　　　　　　　　　(c)

将固定环固定在 F 型插头尾头处，并用钳子压紧固定环

剪掉多余的铜芯

(d)　　　　　　　　　(e)

图 5-3　FL10-5 型插头的连接方法

如果有两台电视机，可以选二分配器，其损耗一般按 4dB（分贝）计算解决。当有三台电视时，尽量不要选择使用三分配器或四分配器（其损耗一般按 8dB 计算），原因

普通用户盒一般包括电视插口(TV)和调频插口(FM)，电视插口通过用户线接入电视机的信号接收口(RF)，用于看电视；调数据用户盒比普通用户盒多了一个数据口(DATA)，用来接入有线通，达到上网的目的

图 5-4   电视终端数据用户盒

是三、四分配器损耗太大。这种情况可选择用分支器（或串接分支器）的方式去解决。

（2）电视终端用户盒（图 5-4）的安装   终端用户盒是系统与用户电视机连接的端口，通常应安装在距地面 0.3～1.8m 的墙上，分为明装和暗装两种方式。

（3）高清机顶盒的安装   机顶盒是一种依托电视终端提供综合信息业务的家电设备。高清数字机顶盒不仅是用户终端，还是网络终端，它可以使模拟电视机从被动接收模拟电视转向交互式数字电视（如视频点播等），并能接入因特网，使用户享受数据、电视、语言等全方位的体验。机顶盒可以平放在电视柜上，也可以固定在墙壁上，一般位于壁挂安装的电视机的下方。高清机顶盒的安装见图 5-5。

打开包装盒，取出机顶盒和附件

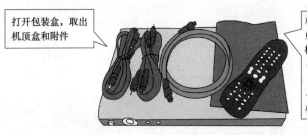

检查以下附件是否齐全及完好，包括音/视频电缆：是一根黑色的双头线，此线两端各有3个黄红白插头；有线电视用户线：一头是用户公头，一头是英制F型插头；机顶盒遥控器和电池

机顶盒与电视机接线

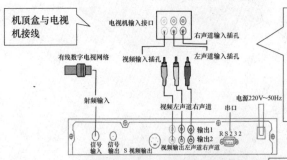

将音/视频电缆一端的三色插头按颜色一一对应插入机顶盒后面板的三色插孔。黄色：视频输出(CVBS、VIDEO)；红色：右声道(R)；白色：左声道(L)

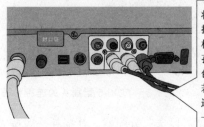

将音/视频电缆另一端的三色插头同样按颜色对应插入电视机后的三色AVIN(视频输入)插孔。黄色：视频(VIDEO)，红色和白色：左右音频(AUDIO)，若电视机后面有几组三色插孔，选择视频输入组(IN)中空闲的一组即可

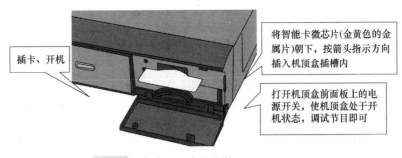

插卡、开机

将智能卡微芯片(金黄色的金属片)朝下，按箭头指示方向插入机顶盒插槽内

打开机顶盒前面板上的电源开关，使机顶盒处于开机状态，调试节目即可

图 5-5 高清机顶盒的安装

5.2 电话宽带的安装

5.2.1 电话及宽带线的接入方案

（1）用数字电话线实现 ADSL 宽带接入（图 5-6） ADSL 宽带就是我们平常说的电信宽带，它基于双绞线传输的技术，采用频分复用技术把普通的电话线分为电话、上行和下行三个相对独立的信道，从而避免相互之间的干扰。即使边打电话边上网，也不会发生上网速率和通话质量下降的情况。从电信公司接线盒到用户之间多数使用平行线，这对 ADSL 的传输非常不利，过长的非双绞线传输会造成连接不稳定、ADSL 灯闪烁等现象，从而影响上网。用双绞线代替用户分线盒到语音分离器之间的平行线，可以有效地解决上网受干扰的问题。

接电话公司外线

线路

滤波器

数字用户线路

以太网

电话线

非对称用户数字环路调制解调器

交叉网线

电话机

个人计算机

为了确保数据的正常传输，在滤波器之前不要连接电话、电话防盗等设备。如果条件允许的话，可以安装一条 ADSL 专线，这样能够有效避免很多问题。在改造线路的时候，最好单独拉线，使用 4 芯数字电话线入户

图 5-6 ADSL 宽带安装示意

（2）用数字电话线实现 LAN 方式宽带接入见图 5-7。

在 LAN 宽带接入方式当中，最后 100m 入户一般采用 5 类或超 5 类 4 对 UTP 电缆，事实上，4 对电缆在传输 100Mbit/s 业务时，只用到了其中的 2 对线，而其余的 2 对线是作为备用的。因此，使用 5 类 2 对数字电话线来替代 5 类 4 对 UTP 电缆，这是一个较为经济的解决方案。一方面 2 对数字电话线可实现百兆传输，另一方面投资成本大为降低。

5.2.2 网络线连接

（1）单台计算机的网线连接见图 5-8。

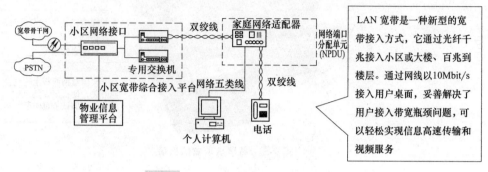

图 5-7　LAN 宽带示意

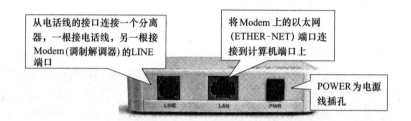

图 5-8　单台计算机的网线连接

（2）多台计算机的网线连接见图 5-9。

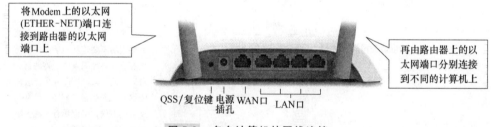

图 5-9　多台计算机的网线连接

　　如果家里使用弱电箱，Modem、路由器和电源则均集中于弱电箱中，只要接网线、电源线以及到各个房间的网线即可。如果家里有笔记本电脑或使用智能手机上网，可以直接购买带有无线功能的路由器。

　　（3）网线的制作方式　双绞线的连接包括正常连接和交叉连接。正常连接是将双绞线的两端分别都依次按白橙、橙、白绿、蓝、白蓝、绿、白棕、棕色的顺序（国际 EIA/TIA 568B 标准）压入 RJ45 水晶头内。这种方法制作的网线用于计算机与集线器的连接。交叉连接是将双绞线的一端按国际标准 EIA/TIA 568B 标准压入 RJ45 水晶头内；另一端将芯线依次按白绿、绿、白橙，蓝、白蓝、橙、白棕、棕色的顺序（国际 EIA/TIA 568A 标准）压入 RJ45 水晶头内。这种方法制作的网线用于计算机与计算机的连接或集线器的级联。

　　（4）网线的制作步骤见图 5-10。

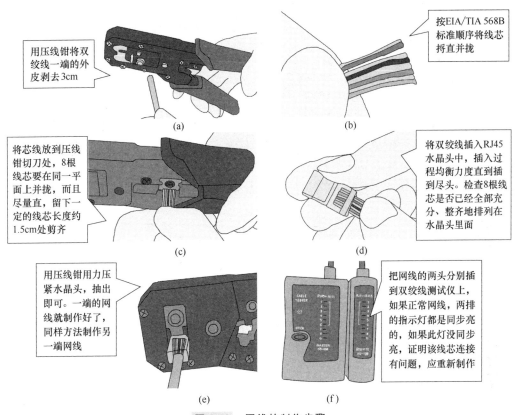

用压线钳将双绞线一端的外皮剥去3cm

(a)

按EIA/TIA 568B标准顺序将线芯捋直并拢

(b)

将芯线放到压线钳切刀处，8根线芯要在同一平面上并拢，而且尽量直，留下一定的线芯长度约1.5cm处剪齐

(c)

将双绞线插入RJ45水晶头中，插入过程均衡力度直到插到尽头。检查8根线芯是否已经全部充分、整齐地排列在水晶头里面

(d)

用压线钳用力压紧水晶头，抽出即可。一端的网线就制作好了，同样方法制作另一端网线

(e)

把网线的两头分别插到双绞线测试仪上，如果正常网线，两排的指示灯都是同步亮的，如果此灯没同步亮，证明该线芯连接有问题，应重新制作

(f)

图 5-10　网线的制作步骤

参考文献

［1］ 徐武. 图解家装水电设计与现场施工一本通［M］. 北京：人民邮电出版社，2017.

［2］ 王军. 图解家装水电设计与施工［M］. 北京：中国电力出版社，2016.

［3］ 蔡杏山. 全彩视频图解家装水电工快速入门与提高［M］. 北京：电子工业出版社，2017.

［4］ 叶萍. 工人师傅教你家装水电改造600招［M］. 北京：中国电力出版社，2016.

［5］ 方厂移，梅国强. 图解家装水电工技能速成［M］. 北京：电子工业出版社，2015.

［6］ 阳鸿钧. 全彩图解家装水电全攻略［M］. 北京：机械工业出版社，2017.

［7］ 王茂作. 99个关键词学会家装水电工技能［M］. 北京：化学工业出版社，2015.